장식과 근대 건축

장식과 근대 건축

이관석
지음

경희대학교 출판문화원

들어가는 말

"세상은 아직도 장식에 환희를 느끼고 있다."

W. 셰익스피어, 《베니스의 상인》, 1600

"건축물의 장식을 전적으로 자제한다면 훨씬 더 고귀해질 수 있을 것이다."

F. A. 크루브사키우스,[1] 《미술 장식의 기원, 성장 및 쇠퇴에 대한 숙고》, 1759

"몇 년 동안 장식의 사용을 완전히 포기한다면, 우리의 사고가 건축물의 구축에 집중될 수 있을 것이며, 그것이 그들의 노출된 모습 속에서도 충분히 즐거운 것이 되도록 하는 것이 미학적 관점에서 우리에게 전적으로 유익할 것이다."

L. 설리번, 《건축의 장식》, 1892

"장식은 범죄자들에 의해 만들어질 뿐만 아니라, 개인의 건강을 해치고, 국가의 부富를 손상시키며, 따라서 그들의 문화적 발전을 저해한다는 점에서 하나의 범죄를 구성한다."

A. 로스, 〈장식과 범죄〉, 1908

"적을수록 더 풍부하다."

미스 반데어로에, 1923

"적을수록 지루하다."

R. 벤투리, 《건축의 복잡성과 대립성》, 1966

기능적인 필요를 넘어 미적·문화적·상징적 의미를 부여하기 위해 추가되는 장식ornament은 인간에게 필연으로 여겨져 왔다. 원초적으로 아름다움을 추구하는 인간에게 선사시대의 동굴 벽화에서부터 이후 주거지와 의복, 생활용품 등 할 수 있는 모든 것에 부가된, 실용성을 넘어 미적 표현과 정체성을 드러내는 장식은 '인간의 자연스러운 본능'[2]으로까지 받아들여졌다. 장식이 구조와 통합되어 매우 중요한 역할을 했던 고대 및 고전 건축을 이어 장식이 극대화되어 건축의 주요 표현 요소가 된, 고딕 성당 내부를 화려한 색을 머금은 빛으로 물들였던 장미창과 스테인드글라스나 르네상스 이후 바로크Baroque[3]와 로코코Rococo[4] 건축의 장식적 요소들은 단순히 아름다움의 추구를 넘어 그 시대의 가치관과 신념을 반영함으로써 문화와 상징성을 드러냈다. 이렇게 장식은 인간 옆에서 시대와 지역에 따라 다양한 형태로 변모해왔다.

이 책은 이처럼 인간과 불가분의 관계로 여겨졌던 장식이 20세기 초에 당시 시대정신Zeitgeist에 적합한 새로운 건축을 모색하던 전위적 건축가들에 의해 강하게 거부됐던 사실에 주목한다. 그 직전인 1890년대 중후반에도 정성 들인 장식이 구조적 근거하에서 논리적이고 합당한 형태를 추구하는, 뒤에서 설명될 '구조적 합리주의'와 합체된 개런티 빌딩Guaranty Building, D. Adler & L. Sullivan, Buffalo, 1895과 마욜리카하우스Majolicahaus, Otto Wagner, Wien, 1898 같은 근대적 건물의 긍정적인 초기 사례들이 있긴 했다. 하지만 건축물에 리듬과 조화와 질감을 추가해 감각적인 즐거움을 제공하는 장식의 미적 역할과 시대와 지역의 역사와 철학과 정체성을 반영하며 특정한 메시지를 전달하는 문화적·상징적 존재 의미, 빛과 그림자를 조절하거나, 재료와 구조를 강조하는 방식으로 건축적 경험을 풍부하게 하는 장식의 공간적·기능적 효과가 유럽에서의 주요한 근대적 사상의 주류들로부터 통째로 부정당하는 상황이 벌어졌다.[5] 1920년대에 이르러 건축에서 장식이 사라진, 단순한 상자형의 백색 건축물이 주목을 받는 매우 이례적인 시기가 도래한 것이다.

합리적인 구조물 전체에 세밀한 장식이 부여된 개런티 빌딩

시각예술에서 구조와 장식이라는 두 구성 요소는 특히 건축의 영역에서 두드러지게 나타난다. 우리는 지난 역사적 양식이나 작품에서 이 두 요소가 비중의 변화를 견디며 일정 부분 평형을 유지해오는 것을 봐왔다. 어떤 시대의 작업에서는 구조가 중시되기도 했고, 장식이 선호됐던 시대도 있었다. 더 합리적이었나 더 낭만적이었나 하는 차이는 있었

지만, 건축이 이성과 직관의 이중적 합성물임은 변함이 없었다. 원칙적으로 구조가 작동한 고대나 중세의 건축은 사원들에 조각 장식의 여지를 남겨놓았다. 근대는 장식에 대한 더욱 다양한 태도를 증언한다. 장식에 집착하던 시절과 장식을 억압하던 시대를 지나온 것이다.

장식이 절정에 달했던 로코코 시대를 이어받은 19세기에 장식은 '생리적 욕구un besoin naturel'로 묘사될 만큼 인간과 가까웠다. 건축가 대다수가 자본주의의 공허capitalist vacuum 속에서 살아온, 건축역사에서 암흑기라 할 수 있는 이 시기에 건축은 산업혁명 후의 급속한 기술 발전에 등을 돌린 채 과거의 재료와 건설 방식으로 지난날의 출중했던 장식들을 시대를 불문하고 무분별하게 차용했다. 건축가나 장식가라면 여러 역사적 양식에서의 장식 문법에 정통해야 했고, 토목 기술자들도 그와 관련된 실용적 지식을 지녔어야 했다.

선명한 색의 평면적인 큰 꽃무늬 타일로 편평한 표면을 강조한 마욜리카하우스. 건물 전체를 선적線的·평면적 구성 요소로 환원하는 아르누보의 그래픽한 장식 수법을 드러내며 당시 석조의 음영으로 풍부한 입체적 외관의 건축을 경쾌한 패널 모양의 평면적 구성으로 향하게 했다.

이 책은 이렇게 인간의 본성을 줄곧 옹호해온 장식이 19세기 중반 이후 전위적 예술 및 건축 운동들과 예술가와 건축가들의 사고와 작품에서 어떻게 이해됐고, 재료와 공간, 빛이라는 '건축 본질의 존엄성dignité de l'essentiel' 앞에서 왜 부정됐는지, 장식을 거부하는 강력한 이데올로기로 인해 장식이 소거되어 가는 20세기 초반의 건축적 양상과 과정은 어떠했는지, 그 결과로 장식이 떠난 빈자리가 무엇으로 어떻게 채워졌는지에 주목한다. 당시의 모더니스트들에게 장식은 이미 관심 밖의 대상이었으나, 건축에서 장식의 부재를 보완할, 구조와 재료와 공간 자체로 표현되는 건축가의 새로운 창조적 정신을 요구했다.

이 질문에 대한 답을 찾기 위해 두 개의 큰 주제로 나뉜 이 책의 1부에서는 근대 건축에서 장식이 축출되는 배경을 제공한, 19세기 말과 20세기 초에 장식이 맞은 위기 상황을 먼저 알아본다. 인류 역사에서 전례가 없었던 장식에 대한 전면적 부정은 그럴 수밖에 없었던 시대적 절박성이 있지 않고는 발생할 수 없는 예외적 사건이었다.

첫 장은 급속한 산업화가 진행되는 시대의 흐름을 외면한 부정적인 아카데미즘에 매몰된 미학이 예술 전반에 끼친 해악으로 19세기 말에 닥친 의식의 위기를 살펴본다. 그 결과 장식으로 도배된 역사적 절충주의가 도래한 상황과 그것이 창궐한 중에도 꿈틀거린 건강한 움직임을 확인할 것이다.

두 번째 장에서는 이러한 시류로 파생된 과도하고 부적절한 장식의 문제점과 19세기 중반에 이에 대응하기 위해 개입한 예술수공예운동 Arts & Crafts Movement에서 활동한 예술가들의 의지와 활동을 알아본다. 과도하고 부적절한 장식에 맞서 이후 디자인과 건축에 매우 큰 의미가 있는 평면적인 장식을 제시하고, 예술가들이 그전까지 도외시했던 생활 디자인에 적극 개입하며 예술의 대중화를 시도한 것의 의미와 한계를 살펴본다.

세 번째 장에서는 예술수공예운동과 함께 역사주의와 모더니즘 사이 전환기 운동으로 예술수공예운동의 평면적 장식 자원을 이어받은 아르누보Art Nouveau의 특성을 들여다본다. 주철을 구조재와 장식재로 함께 활용했고 곡선의 모티프를 활용한 아르누보가 새로운 예술로서 제시한 장식법이 근대 건축에 어떤 역할을 했는지를 고찰하면서, 이 운동의 성과와 실패가 무장식적인 근대성이 구축되는 길목에서 어떤 의미를 지녔는지를 확인한다.

1부의 마지막 장에서는 당시의 장식을 매섭게 비판해 동시대 건축의 장식에 대한 부정적 태도를 노골화한, 아돌프 로스Adolf Loos, 1870~1933가 1908년에 쓴 논평인 〈장식과 범죄Ornament und Verbrechen〉가 장식에 준 타격과 글의 진의를 살펴본다. 매우 신랄하고 직설적인 논조의 이 글은 장식을 향한 저주로 받아들여졌고 근대 건축의 장식 축출에 결정적으로 기여했다. 하지만 정작 로스 자신은 시대에 맞지 않은 장식의 남용을 공격한 것이지 장식을 전적으로 부정하지는 않았다. 뭔가 새로운 것을 찾고 있었던 이들이 이 논평에서 자신들이 원했던 견해만 받아들인 것이다. 이러한 엇박자는 당시 장식에 대한 판단 기준이 아직은 이중잣대에 머물러 있음을 보여주지만, 또한 장식이 상당히 비세에 몰리고 있음을 확인시켜 준다.

〈장식과 기능미〉, 〈장식과 단순미〉, 〈근대 건축의 두 거장과 장식〉이라는 세 장으로 구성된 이 책의 2부는 이런 곡절을 겪으며 맞이한 20세기 초의 장식과 근대 건축의 관계에 집중한다. 장식에 맞선 근대 건축에 기능미와 단순미가 도래하는 과정과 이와 관련된 예술가와 건축가의 개별적이거나 집단적 의식을 살펴보는 것이다.

첫 장에서는 기계와 산업이 건축에 준 영향에 중점을 두고 과학적 합리주의Scientific Rationalism가 가져온 새로운 건축 미학과 근대주의자들에게 큰 도전이자 가능성을 보여준 기계에 대한 인식을 본다. 이어서, 유럽 제국 중 가장 늦게 통일됐던 독일이 빠른 걸음으로 산업화의 길로 들어서게 해준 독일공작연맹Deutscher Werkbund의 성과와 장식에 관한 치열하고 의미 있는 논쟁을 확인한다. 또한, 독일공작연맹의 설립 목적에 공감하며 출발해 마침내 기계 기술로 방향 전환을 하면서 근대적 디자인의 상징이 된 바우하우스 스타일Bauhausstil을 형성하고 응용예술 교육 커리큘럼에서 장식을 없애 장식 축출에 크게 공헌한 바우하우스의 이념과 건축을 들여다본다.

두 번째 장에서는 인상주의Impressionism에서 시작해 추상예술까지 일련의 근대 회화 운동의 특성과 근대 건축의 관계를 먼저 살펴본다. 근대 회화의 도전과 실험성이 근대 건축에 형식과 공간의 해방이라는 긍정적 영향을 줘 폐쇄적이고 규범적인 고전주의 양식을 넘어서고 새로운 공간 개념과 조형 감각이 창출되는 것을 확인하기 위함이다. 이어서 예술의 보편적 질서와 순수한 추상성을 추구한 데 스틸De Stijl 운동 주역들의 인식과 새로운 예술로서의 이 운동이 건축을 조형적 추상예술로 끌어올리며 공간을 열린 시스템으로 이해하도록 이끈 것에 주목한다.

마지막인 세 번째 장에서는 근대 건축의 두 거장인 미스 반데어로에Mies van der Rohe, 1886~1969와 르코르뷔지에Le Corbusier, 1887~1965의 건축 철학에서 발견할 수 있는 장식과 연관된 견해를 살펴보고, 그들의 작품에서 사라진 전통적 의미의 장식이 건축에서 수행해왔던 역할이 누락된 상황에 어떻게 대응하는지를 확인한다. 장식과 근대 건축을 얘기하면서 근대 건축을 이끈 명실상부한 두 거장의 건축 철학과 작품을 별도로 고찰하는 데는 이유가 있다. 일 년 터울로 태어난 그들은 둘 다 젊은 시절에 장식 교육을 철저히 받았다는 공통점이 있고, 그 후 근대 건축에서의 장식 축출에 말과 글, 행위로 크게 공헌한 인물들이기 때문이다.

엄연한 조형예술로서 이전 건축의 주요 표현 방법 가운데 하나였던 장식은 없어도 그만인 만만한 대상이 아니었다. 그러나 이 두 건축가는 성장기에 배웠던 장식의 의미나 가치를 그 후에도 존중했다거나 시대를 선도하는 건축을 추구하면서 전통적 장식이 해오던 역할을 대신해 줄 다른 방안을 의도적으로 모색한 흔적은 보이지 않는다. 대신 그들이 각자 자신의 작업을 '건축답게' 하려는 과정에서 마땅히 취해야 했던 방안이 과거 건축이 필요로 했던 장식의 역할 상당 부분을 감당하는 것을 확인하고자 한다. 여기서 '건축답게'라는 것은 기능과 미학, 구조와 기술, 장소성과 문화가 조화를 이루는 건축의 본질에 충실하다는 말이다. 그들은 형식이나 장식이 아니라 인간을 위한 새로운 공간 경험을 조성하고자 하는 근대 건축의 핵심 목표를 향해 정진했다.

우리가 매일 옷을 입듯이 당연하게 건축에 입혀 왔던 장식이 벗겨지는 과정에 대한 고찰은 단순히 양식 변화에 대한 이해를 넘어 근대 건축의 사상적·문화적 전환을 통찰한다는 의미를 지닌다. 장식 축출은 단순한 미적 선택이나 시류에 따른 유행이 아니라 산업화와 근대성이라는 시대정신에 대한 불가피한 반응이었음을 확인하고, 철근콘크리트, 철, 유리 같은 새로운 재료와 건축 기술, 대량생산이라는 산업 조건의 변화에 따른 사회적·경제적·기술적 조건과 건축의 관계를 살펴보는 것이다. 건축은 자율적 예술이기 이전에 시대의 조건에 응답한 결과이기 때문이다.

장식을 배제한 근대 건축은 진실성, 기능의 표현을 핵심 가치로 삼고 '형태는 기능을 따른다Form follows function'는 원칙에 입각해 윤리적·도덕적 가치를 지닌다는 이념과 심미관의 전환이었다. 근대 건축에서 장식이 축출되는 과정은 건축이 예술, 기술, 이념, 사회적 조건을 어떻게 반영하고 조율하는지를 보여주는 중요한 사례다. 따라서 이에 대한 숙고는 근대 건축의 정체성과 이념이 어떻게 형성되는지를 파악하고 그 가치를 재조명하게 해주며, 건축과 시대정신의 관계를 이해하게 하며, 지금의 건축이 어떤 미학과 사회적 역할을 추구해야 하는지를 성찰하는 기회를 제공함으로써 근대 건축의 본질을 이해하고 현재와 미래의 건축 담론을 풍부하게 만드는 사유의 토대를 쌓는 데 도움이 될 것이다.

차 례

1부

장식의 위기

19세기 말 의식의 위기

아카데미즘에 빠진 미학

전통적인 학문과 예술의 기준을 존중하며 체계적인 연구와 교육을 중시하는 태도를 의미하는 아카데미즘academism은 역사적·기술적·이론적 기반을 견고하게 다지는 역할을 하며, 예술과 건축 등의 분야에서 정교한 기법과 높은 완성도를 유지하는 데 기여해왔다. 하지만 19세기에 접어들며 유럽에서는 지나치게 전통과 규범을 중시해 창의성과 혁신을 저해하고 형식적인 틀에 얽매여 새로운 사조나 실험적인 시도를 배척하는 경직된, 아카데미즘의 부정적인 측면이 두드러지게 표출됐다. 19세기 후반기가 되면서 그 정도는 더 심각해져 예술에서 위태로운 내적 위축이 가중됐다. 이 책이 19세기 중반에 영국에서 일어난 예술수공예운동처럼 이런 문제에 대응하려는 개인과 단체의 움직임을 중점적으로 다루고 있지만, 산업과 예술 문화계 전체로 봤을 때 이런 건강한 시도는 늘 소수의 개혁자들에 의해 진행되기 마련이다. 부정적 의미의 아카데미즘이 확산되며 모든 새로운 모색에 반대하는 취향을 드러냈다. 좋게 봐도 다양한 과거 양식들과 때로는 철을 사용하는 새로운 현대 기술 사이에서 절충적인 타협 정도가 이뤄졌다.

당시 지배적인 부르주아 계층은 발주권을 움켜쥔 채 모든 예술적 모험을 경계하면서 과거 걸작들의 전통에 기반을 두거나 현실적인 형태의 표현을 따르는 예술을 장려했다. 이러한 이유로, 대중의 요구에 따라 다양한 사상, 스타일, 또는 요소를 선택적으로 조합해 새로운 개념이나 디자인을 창조하는 방식인 절충주의Eclecticism가 19세기 말에 중요한 비중을 차지했다. 르네상스 후기에 활동했던 미켈란젤로Michelangelo Buonarroti, 1475~1564의 건축 작품으로, 이탈리아 르네상스의 선구자적 건축가인 브루넬레스키Filippo Brunelleschi, 1377~1446가 메디치Medici 가문을 위해 피렌체에 첫 르네상스 양식 건물로 지은 산로렌초 성당Basilica di San Lorenzo, 1421~1426의 회랑을 개조한 라우렌시오 도서관Bibliotica Laurenziana, 1524~34/

라우렌시오 도서관의 현관

사후 1571년 완공 등에서 볼 수 있듯이, 건축에서 절충주의는 특정한 시대나 양식에 국한되지 않고 여러 건축 양식의 요소를 조화롭게 결합해 독창성을 드러내는 긍정적인 측면도 있었다.

르네상스 후기와 바로크 시대 사이에 위치한 미켈란젤로의 절충주의 건축은 르네상스 건축의 전통적인 요소인 코린트식, 도리아식, 이오니아식 오더를 사용하면서도, 그것을 과감하게 변형하거나 과장해 새로운 조형미를 창출했다. 미켈란젤로를 비롯한 이탈리아 르네상스 건축 이론의 주요 학자인 제임스 에커만James S. Ackeman, 1919~2016은 미켈란젤로가 자신의 건축을 보는 사람이 고대의 범례를 그리워하고 자신이 이룩한 혁신을 느낄 수 있도록 자기가 참조한 고대 범례의 본질적 부분은 남겨두면서 어떤 모티프에 대해 거의 언제나 새로운 형태와 의미를 부여했다고 지적했다.[6] 이렇게 고전주의를 재해석한 미켈란젤로가 1537년에 설계

캄피돌리오 광장

한 캄피돌리오 광장Piazza del Campidoglio을 둘러싼 주변 건물들에서의 건축적 대칭과 비대칭의 절묘한 조화는 그가 건축을 단순한 구조물이 아니라 조각적으로 다루어 입면과 공간에서 볼륨감과 극적인 구성을 추구했음을 보여준다. 그의 또 다른 작품으로 1540년대 중반에 계획한 로마 성베드로 대성당St. Peter's Basilica의 돔dome, 1590년 완공에서 전통적인 비례 체계를 엄격히 따르기보다는 의도적으로 기둥을 확대하거나 오더의 구성을 변형하는, 과감한 규모와 비례의 조작도 감행됐음을 볼 수 있다. 건축의 표면에 깊은 음영을 형성하는 몰딩과 돌출된 요소들을 적극적으로 사용해 시각적 강렬함을 극대화한 미켈란젤로의 절충주의 건축은 르네상스 고전주의를 바탕으로 하되, 조각적 표현과 감각적인 변형을 가미해 강렬한 공간적·시각적 효과를 창출했다. 그의 작품인 포르타 피아Porta Pia, 1565년 완공의 중앙 출입구 주변은 다양한 구조적 요소가 구조뿐 아니

로마 성베드로 대성당의 돔

포르타 피아의 정면

라 장식적인 의미에서도 겹쳐진다. 구조와 유관한 장식이 수사적으로 맥락 없이 중복된다. 반면에 이런 창의성은 결여된 채 유감스럽게도 과거의 모방에만 의존한 19세기 유럽의 건축에서 유행한, 고딕과 르네상스 및 바로크 등의 다양한 요소를 혼합한 퇴행적인 절충주의 건축은 그 반동으로 20세기 모더니즘 건축의 잉태를 자극했다.

어떤 시대의 전성기를 지나면서 변화의 징조로 꿈틀대기 시작하는 절충주의는 모더니즘modernism을 갈망하는 몸짓이다. Modern은 contemporary가 지닌 특정 시간이나 시대 개념과 달리 그 이전과 다른 독특한 성격을 의미한다. 즉 시대를 초월한, 문화를 형성하는 여러 요인과의 관련 속에서의 가치 개념이다. 절충주의는 점점 더 다양한 과거의 양식에 매달리면서도 새로운 형태를 창조해내는, 당시 변화하는 세계의 모습을 정확히 반영하는 것이 일반적이다. 이는 뒤에서 거론될 아르누보에서도 입증되는데, 아르누보는 한편으로는 장식을 선호하면서도 동시에 간결한 형태를 추구했다. 따라서 절충주의에서 긍정적인 위기의 징후도 볼 수 있다.

지배적인 고객층과 인정받은 예술가들, 혹은 장차 명성을 얻게 될 많은 예술가에게 절충주의는 단순한 혼합이 아니라, 정교하게 조율된 새로운 아카데미즘이었다. 이것은 단순히 과거의 요소들을 결합하고 반복하는 것이 아니라, 다소 모호하게나마 가장 확실한 가치들을 최적으로 적용할 방법을 찾고자 하는 꿈을 품고 있었다. 실제로, 과거의 가치들은 절충주의에서 중요한 부분을 차지하지만, 절충주의의 핵심적인 목표는 과거의 가치를 다시 활용할 수 있도록 만들고, 현재에 적응시키며, 이를 현대적으로 재활성화하는 것이었다.

하지만 절정에 달한 19세기 말의 절충주의는 급속한 산업화가 진행되는 시대의 흐름을 외면하고 엇박자를 내면서 건강을 잃었다. 아카데미즘의 부정적 측면에 매몰되어 가면서 미학적 유희에 깊이 빠져들었다. 오늘날 건축의 역사에서 회자되는, 시대에 맞는 건축을 쟁취하기 위해 몸부림쳤던 전위주의자들은 당시에 소수였고, 건축의 주도권은 공인된 과거의 사실에 집착한 아카데미즘 인사들이 틀어쥐고 있었다.[7]

역사적 절충주의의 창궐

과거에 의해 정당성을 부여받은 확실한 가치들에 대한 이러한 의존은, 겉으로 보기에 건축 분야에서 특히 두드러지게 나타났다. 1880년경이 되면서 역사적 양식들이 유럽은 물론 미국에서도 연이어 등장해 병치되거나 결합되는 현상이 역력했다.

그중 지배적인 경향은 신新르네상스Néo-Renaissance 양식이었다. 15~16세기 르네상스 건축의 형식을 재해석한 이 양식은 시청, 오페라하우스, 박물관, 은행 등 다양한 공공 건축에서 르네상스 건축의 조화로운 비례와 대칭성을 계승하는 양호한 측면도 지니고 있었다. 건물의 처마 끝을 장식하는 화려한 코니스cornice, 벽을 지탱하는 부분이자 장식 요소로서 벽기둥이라 불리는 필라스터pilaster, 코린트 및 이오니아식 기둥, 삼각형 및 반원형 박공을 뜻하는 페디먼트pediment, 아케이드, 석조 조각 같은 고전적 장식 요소와 부조, 메달리온, 아케이드 등으로 화려하게 장식되며, 종종 다층적 입면 구성을 보인 장식적 파사드façade, 건물의 정면를 자랑했다. 전통적인 석재와 벽돌 재료가 철과 유리 같은 새로운 재료와 결합되기도 했다.

이 양식의 대표적 사례라 할 수 있는, 베네치아 르네상스 양식과 바로크 양식을 가미한 독특한 양식으로 유명해 신新바로크Néo-baroque 양식의 대표작으로도 꼽히는, 샤를 가르니에Charles Garnier, 1825~1898가 파리에 계획한 오페라 가르니에Opéra Garnier, 1861~1875나 폰 지카르트즈부르크August Sicard von Sicardsburg, 1813~1868가 빈에 계획한 국립오페라극장Vienna State Opera, 1861~1869(제2차 세계대전 때 파괴됐다가 1955년에 재건)을 보면 그 특징을 확연히 알 수 있다. 극히 절충적이었던 나폴레옹 3세 양식Napoleon III style에도 해당하는 오페라 가르니에는 많은 역사적 자료를 차용해 바로크 양식의 요소들, 팔라디오 양식의 고전주의, 르네상스 건축 양식이 혼합되어 있다. 오페라 극장이 당시 상류계층의 최애 사교장이었던 만큼 온

파리에 있는 오페라 가르니에의 대규모 계단과 내부 장식

갖 화려한 장식이 맘껏 구사된 것이다.

신르네상스 양식은 고딕 복고Gothic revival 양식이 주류였던 영국에도 영향을 미쳤다. 두 사람 모두 뒤에서 다시 거론될 영국 건축가 오거스터스 퍼긴Augustus Pugin, 1812~1852과 존 러스킨John Ruskin, 1819~1900이 이론적 기반을 제공한 고딕 복고 양식은 1800년 무렵에 서유럽에서 발생해 1850년 사이에 정점을 찍었던 미술적·문학적·지적 사조였던 낭만주의Romanticism에 편승해 중세의 신비로움과 역사적 요소를 부활시키고자 했다. 퍼긴과 배리Charles Barry, 1795~1860가 영국 고딕을 정교하게 재현한 웨스트민스터 궁Palace of Westminster, London, 1840~1876(오늘날의 영국 국회의사당)에서 볼 수 있듯이, 고딕 양식의 대표적 요소인 뾰족한 아치와 수직성을 강조한 첨탑을 재현하고, 내부 공간의 높이를 강조하고, 구조적 안정성을 확보하기 위해 고딕 양식의 리브 볼트 천장Rib Vaulting[8]을 재사용했다. 종교

빈에 있는 국립오페라극장

적 분위기와 빛의 효과를 극대화하기 위해 역시 고딕 건축의 대표적 특징인 스테인드글라스를 적용했고, 플라잉 버트레스flying buttress[9]와 트레이서리tracery[10] 등이 화려한 장식 요소로 쓰였다. 이렇게 영국에서는 중세 기독교 전통과 연결된 고딕 복고 양식이 19세기 중반까지 공공 건축과 교회건축의 주류였으나 시청, 박물관, 은행 같은 시민 건축에는 보다 세속적이고 합리적인 인상을 주는 신르네상스 양식이 개입되어 이탈리아 르네상스의 질서감, 대칭성, 고전적 장식 요소를 모방했다. 이는 산업화 이후 신흥 부르주아 계층의 취향과도 맞아떨어졌으니 승승장구의 길이 열렸다.[11]

건축적 암흑기였던 19세기에 고딕 복고 운동은 비록 장식적이긴 했지

런던에 있는 웨스트민스터 궁

만 나름 근대 건축의 태동에 도움이 되기도 했다. 18세기의 산업혁명 후 대량생산과 공업화가 확산된 상황에서 고딕 복고 운동은 수공예적 건축 기법과 세밀한 장식 요소의 중요성을 환기시켰다. 이후 살펴볼, 영국에서 일어난 예술수공예운동과 연결되며 장인匠人의 기술을 강조하는 분위기를 조성했다. 또한, 고딕 복고 건축은 전통적인 석조 공법뿐만 아니라 철제 구조와의 결합을 실험하며 새로운 기술적 발전을 이끌었다. 건축이 발전 도상에서 벗어나지 않게끔 필요한 구조적 혁신과 기술 발전에 일조한 것이다.

고딕 복고 흐름의 대표적 건축가인 비올레르뒤크Eugène Viollet-le-Duc, 1814~1879는 과거의 양식적인 방법이 아닌 독창적인 구조의 평형 원리에

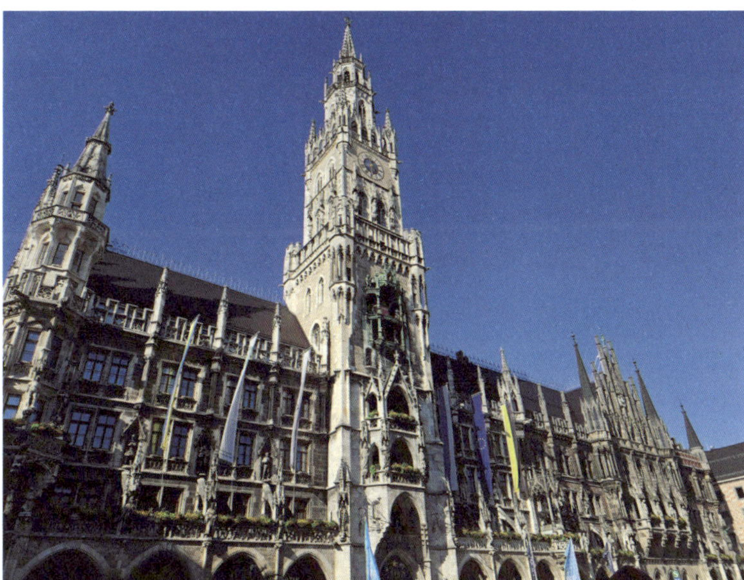

수공예적 건축 기법과 세밀한 장식 요소의 중요성을 환기해 장인의 기술을 강조하고 철제도 활용한 고딕 복고 양식의 뮌헨 시청1867~1905

입각한 '구조적 합리주의'를 취했다. 이것은 오늘날의 기능주의와는 다른데, 건축적 기능은 만족시키되 미적 판단의 여지는 남겨두는 자세를 취하면서 구조적인 근거를 갖고 논리적이고 합당한 형태를 추구해 후대 모더니즘 건축가들의 새로운 조형 원리를 조성했다. 비올레르뒤크에게 고딕 양식은 이성과 과학에 근거한 것으로, 그 이전의 로마네스크 romanesque 양식과 달리 고딕 건축이 높은 천장과 빛으로 충만한 내부 공간을 실현할 수 있었던 것은 고딕의 구조 발명품인 리브rib, 피어pier,[12] 버트레스 덕분이라며, 모든 건축적 표현은 구조 문제의 해결로부터 나와야 한다고 주장했다. 그는 건축 교육을 포함해 당시 예술 교육을 그릇 이끌며 예술계를 좌지우지했던 파리 미술학교École des Beaux-Arts de Paris가 다원주의적 혼란에 빠져 있고 현대 기술에 대한 인식이 결핍된 채 관습적이고 반동적인 역사주의에 매몰되어 있다며 까다로운 선발조건을 통과해 입학한 이 학교에서 자퇴했다. 진정한 건축이 되기 위해서는 필요에 의한 제반 조건을

최초의 고딕 양식으로 지어진 생드니 대성당의 성가대석과 후진apse

정확하고 명료하게 만족시켜 주기 위해 프로그램에 충실하고 재료의 성질과 특성에 맞춰 재료와 구조방법을 선택하는 시공방법에 충실해야 한다는 그의 주장은 오늘날에도 수용되고 있다.

비올레르뒤크가 추가한 높은 첨탑이 보이는 파리 노트르담 대성당의 후면 모습

이런 비올레르뒤크에게 장식 위주의 건물은 허위였다. 지방 고유의 기후, 재료, 공법을 이용한 지역주의regionalism 건축을 옹호한 그에게 파리 북쪽의 생드니 대성당Basilique Saint-Denis에 처음 등장한 고딕[13]은 자신의 모국인 프랑스의 기후와 풍토에 적합한 양식이었다. 그가 빅토르 위고Victor Hugo, 1802~1885가 쓴 소설《파리의 노트르담*Notre-Dame de Paris*, 1831》이 프랑스 국민의 마음속에 잠재해 있던 신앙심에 다시 불을 붙여준 덕분에 프랑스혁명 때 파손된 채 이성의 전당으로 불렸던 파리 노트르담 대성당을 복원하는 기회를 잡았을 때, 이전에 없던 가장 높은 첨탑을 추가하는 등 창의력을 발휘했다. 2019년 화재 때 무너진 이 첨탑이 원래 것이 아닌데 다시 만들어 세워야 하는가? 라는 의문이 제기되기도 했었지만, 결국 비올레르뒤크의 정신

바로크의 화려한 장식을 보여주는, 빈에 있는 성베드로 성당Peterskirche Wien, 1701-1733

을 소중히 여겨 재건됐다.

바로크의 심볼로 여겨지는, 로마의 산타 수산나 성당Monastero e Chiesa di Santa Susanna, 1603년 완공의 정면

역시 19세기 복고주의revivalism의 일환으로 19세기 후반과 20세기 초반에 유럽에서 유행한 신바로크 양식은 부르주아 계층에게 호감을 주었고 정부의 권위를 나타내는 데도 부합했다. 많은 사람에게 건축물은 도시 속에서 미적 표현이 최우선시되는 예술 작품이며, 이를 통해 사회의 야망이 드러났다. 이것이 17~18세기 바로크 건축의 화려함, 극적인 구성과 장식성을 계승하면서도 철과 유리를 포함한 현대적인 재료와 기술을 활용한 신바로크 양식이 19세기 말에서 20세기 초에 융성할 수 있었던 이유다. 이런 상황에서 당시의 건축가가 성공하려면 어디에 신경을 써야 했는지가 분명해진다.

산타 수산나 성당의 내부

그러나 이전과 판이한 근대적 생활은 새로운 요구를 부과해 위기를 초래하는 갈등과 동시에 변화의 계기를 만들어냈다. 특히 기차역, 병원, 백화점, 대형 호텔, 공장과 같은 건축물들은 오래도록 우위를 점했던 신고전주의적 관행과 별로 맞춰보지

갤러리 라파예트의 넓고 높은 중앙부 매장을 덮고 있는 우아한 철제 구조물

않은 새로운 프로그램이었다. 이는 19세기 후반 이전부터 이미 나타난 현상으로, 더욱이 새로운 재료인 철은 전통적인 미적 개념과 잘 맞지 않는 듯 보였다.

이로 인한 문제가 처음에는 가혹할 정도로 단순하게 제기됐다. 즉, 건축물을 순전히 기능적인 구조로만 남겨둘 것인가, 아니면 적절한 양식이나 양식의 요소를 선택해 미적으로 표현할 것인가라는 질문이었다.

석재로 마감된 갤러리 라파예트의 외관

후자의 입장은 일부 사람들에게 논리적으로 보일 수도 있었는데, 이는 대극장의 홀이나 호텔의 연회장처럼 대형 건축물의 일부 공간들은 기존의 익숙한 양식적 관행

파리 북역에서 아르누보 양식을 따라 나무줄기를 닮은 철제 기둥으로 받쳐진 채 넓은 플랫폼을 덮고 있는 철제 지붕 프레임

과 자연스럽게 연결될 수도 있었기 때문이다. 따라서 건축물의 실제 구조를 감추고, 주로 장식적 목적을 위한 외관을 세우려는 경향이 나타났다. 당시 파리에서 가장 고급스러운 백화점으로 넓고 높은 중앙부 매장 위를 거대한 철 구조물로 받쳐진 아름다운 스테인드글라스로 덮은 갤러리 라파예트Galerie Lafayette나 넓은 플랫폼의 천장을 철골구조와 유리로 덮은 파리 북역北驛, Gare du Nord 등에서 막상 대로를 면한 파사드는 음영이 지고 장식이 곁들여진 석재로 마감된 것이 그 사례다. 넓은 공간을 쉽게 덮을 수 있고 빛을 들일 수 있는 철골구조와 유리의 장점은 활용하되 그 모습을 외관에 드러낼 수 없는, 철을 고상한 건축보다는 거친 토목에 더 어울리는 구조재로 여겼던 것이다. 빅토리아 시대[14] 영국의 대표적 예술 평론가이자 후원가, 소묘 화가, 수채화가, 저명한 사회운동가이자 독지가로서 지질학부터 건축, 신화, 조류학, 문학, 교육, 원예와 경제학

장식적인 석재로 마감된 북역의 외관

에 이르는 다양한 주제의 글을 써 르코르뷔지에를 포함한 후대 건축가들에게 큰 영향을 미친 존 러스킨조차도 "진정한 건축은 철을 건축 재료로 인정하지 않는다고 보아도 무방할 것"이라는 선입견에서 자신도 벗어나지 못했다는 말을 했을 정도였다.[15]

이렇게 이 시대의 눈에 띄는 특징 가운데 하나는 엔지니어의 실용적인 기술과 건축가의 양식적 요구 사이에서 발생한 충돌과 조화의 문제였다. 건축가 대다수는 여전히 미적 효과를 중시하는 교육을 받았으며, 이는 심지어 설계 도면의 표현 방식에서도 18세기의 마지막 흔적을 계승했다. 이러한 이중성이 계속되면서 건축 해석에 대한 논쟁이 촉발됐지만, 이 문제는 건축 교육과 건축 개념 자체에 밀접하게 관련되어 있었기 때문에 단순한 대립이라기보다는 미묘한 차이를 내포하고 있었다.

이렇게 한쪽에서는 기둥, 보, 아치 등 구조적 요소에서 비롯된 장식을 강조했고, 다른 한쪽에서는 그러한 구조를 감추고 스타일적인 장식으로 건물을 아름답게 표현해야 한다고 주장했다. 후자의 입장에서는 건물의 외관이야말로 유일하게 가시적인 개성을 드러내는 요소였다. 전자의 입장을 따를 경우에도 완전히 새로운 형태가 등장할 가능성은 낮았는데, 종교건축에서 주철이나 철제 구조는 대부분 고딕 양식을 따르는 경향이 있었다. 이 논쟁은 본질적으로 위계의 문제로 귀결됐다. 합리주의자들은 구조를 더 분명하게 드러내야 한다고 주장한 반면에 고전주의자들은 이를 감싸는 방식을 선호했다. 고전주의자들은 석재가 철보다 더 고귀하다고 판단한 반면에 합리주의자들은 철을 유리와 도자기와 함께 조화롭게 활용하는 것이 흥미로운 접근 방식이라고 여겼다.

하지만 그들 모두가 어느 정도는 과거를 통해 새로운 해결책을 모색하고 있었다. 고전주의자들은 보다 체계적인 양식을 우선했으며, 각 요소가 과거의 특정 모델에 정확히 부합하도록 해 정연한 구성을 이루고자 했다. 이들은 주로 외관을 강조하며, 원하던 독창성은 대개 회화적 효과에 기댔다. 다른 한편, 앞서 본 비올레르뒤크 이후의 합리주의자들은 과거를 단순히 문제 해결을 위한 이해의 수단으로만 활용해야 한다고 주장했다. 하지만 일반적으로는 과거에서 차용한 형태나 장식을 그대로 받아들이는 데 만족하는 경향이 강했다. 많은 이들이 새로운 해결책을 찾으려 했지만, 지배 계층이 선호하는 역사적 장식을 배제한 채로 전인미답의 길을 걸어갈 용기를 낸 건축가는 극소수였다.

과도하고 부적절한 장식에 던져진 의문과 예술수공예운동

19세기 말 건축에서 제기된 장식과 관련된 문제의 원인은 크게 세 가지로 볼 수 있다. 즉, 장식의 무분별한 남용, 부가된 장식의 부적절성, 그리고 미적 감각의 변화다. 존 러스킨은 장식의 풍성함에는 제한이 없으며 과도한 장식에 대해 말하는 것은 건축가들의 허세 중 하나라면서, 장식이 훌륭하면 과도할 수 없고 장식이 서투르면 항상 과도한 것이 된다고 했다.[16] 장식의 양보다 기량이 출중한 장인의 헌신이 스며 있는 고품질의 정성 들인 장식을 소중히 여긴 이 판단 기준은 전통적 의미의 장인 계층이 괴멸되다시피 한 19세기에 들어서서는 충족되기 힘든 것이었다. 그 당시에 장식의 과도함과 부적절성이 발생했던 이유와 과정, 이에 대한 선각자들의 대응을 살펴보자.

장식의 과도함과 부적절성

장식이 과도하게 남용되고 사소한 수준으로 전락한 채 많은 건축물과 개별 예술품에 적용된 근원적인 이유는 1760년에서 1820년 사이에 영국에서 시작된 산업혁명이었다. 이 혁명은 18세기 중반에서 19세기 초반까지 기술 혁신과 새로운 제조 공정으로의 전환을 촉발하며 사회와 경제에 큰 변화를 가져왔다. 16세기부터 18세기까지 장식은 고전주의 작품의 신화적 표현을 기반으로 한 상징적인 의미를 지니고 있었다. 많은 시간과 진정성을 요구하는 장식은 가장 위대한 오래됨과 품위의 과정을 구현하는 것이기에 자연스럽게 권력자와 부유층이 누리는 특권으로 여겨졌다. 그러나 1830년 이후 산업혁명의 영향으로 사회적 부의 증가에 힘입어 중산층이 새롭게 부유한 계층으로 부상했다. 이렇게 등장한 부르주아 계층은 귀족의 삶을 모방코자 했으며, 장식을 높은 사회적 신분의 상징으로 여기며 열광했다.

직물織物을 예로 들면, 산업화 이전에는 정교하게 수놓아진 고가품은 특권층만이 소유할 수 있었다. 그러나 방직기와 대형 인쇄 기계가 생긴 덕분에 소수만 누리던 세련된 직물이 상대적으로 저렴한 복제본으로 대중에게 공급되기 시작했다. 산업혁명 이후 급격한 도시 인구의 증가는 생산자와 소비자 모두를 압도하는 수많은 기술 혁신을 정제할 사회적 여유를 허락하지 않았다. 이전의 장식이 장인이나 예술가에 의해 신중하게 만들어졌던 것과는 달리, 이때는 제품의 디자인과 제작이 예술 교육을 제대로 받지 못하고 장시간의 수련 과정을 거치지 않은 다수의 제조업자에게 맡겨져 상황은 악화 일로였다.

제임스 와트James Watt, 1736~1819가 1765년에 증기기관을 발명한 것이 계기가 된 산업혁명은 1740년에 1만 7,000톤이었던 영국의 철 생산량을 1830년에 67만 8,000톤으로 40배 급증케 했다. 1810년에 600만 톤

이던 석탄 채굴량이 47년 후인 1857년에는 1억 1,500만 톤으로 19배 늘었다. 1790년에 면사 수출량이 150만 파운드이었으나 1840년에는 2억 6,500만 파운드로 177배 폭증했다. 1750년까지 매 10년의 인구 증가율은 3% 수준이었으나 1811년부터 1821년 사이에는 18%까지 치솟았다. 산업혁명의 발생지 맨체스터의 주민은 1720년에 8,000명에 불과했으나 1841년에는 44배가 증가한 35만 3,000명이었다. 1930년대 맨체스터의 인구는 75만 명에 달해 런던과 리버풀 및 버밍엄을 뒤잇는 대도시가 되어 영국 경제를 견인했다. 전례가 없었던 이런 급속한 성장은 부족해진 생산품 증산으로 이어졌고, 많은 일손이 요구되면서 공장이 모인 도시는 인구 쏠림으로 급팽창해 새로운 시장이 생기고, 따라서 더 많은 생산품이 요구되는 악순환이 반복됐다.

이런 혼란 중에도 당시 높은 사회적 위상을 누렸던 디자이너들은 산

물의 사원Water temple 쪽에서 바라본 수정궁

업에 참여하지 않았다. 창작자들은 예술적 문제에서 격리되어 있었고 제조업자들은 이를 무시했다. 모조 재료와 모방된 기술이 널리 퍼지는 동안에 예술가들은 이러한 거친 정신과 추악함을 혐오하며 회피했다. 그들은 이러한 시대의 흐름에서 벗어나 신성한 영역에 틀어박혀 오직 '예술을 위한 예술'로서의 창작에만 몰두했다. 장식은 종종 제품의 약점을 감추기 위한 부정적인 목적으로도 활용됐다. 전통도, 교육도, 제품의 품질을 판단할 식별력과 여유도 갖추지 못한 대중 소비자들은 만만한 먹잇감이 될 수밖에 없었다.

1851년 런던에서 열린 첫 국제박람회의 전시장으로 지어진 유리궁 The Crystal Palace, Joseph Paxton 안에 각국에서 몰려든 전시품들 가운데 일부는 실용적이면서도 화려하고 우아한 장식을 자랑했다. 하지만 과도하거나 부적절하게 장식되어 눈살을 찌푸리게 하는 물품이 더 많았다. 화가

수정궁의 내부 전시장

1851년 런던 국제박람회에 전시된, 과도하고 부적절한 장식으로 괴기스럽게까지 보이는 은 제품

이자 사우스 켄싱턴 박물관의 과학 및 예술 부문 검사관인 레드그레이브Richard Redgrave, 1804~1888는 이 박람회에 대한 공식 보고서에, "과도하게 장식된 물건들은, 우리처럼 실용적인 목적을 지니면서도 장식이 완전히 배제된 제품을 열망하는, 기능의 최대한 만족을 요구하는 사람들에게 깊은 혐오감을 불러일으킨다. 기능적 효율성이 궁극적인 목표이며 소중한 단순성이 그 결과다."[17] 라고 썼다.

이렇게 당시의 장식은 남용되면서 또한 적절성과 품위 측면에서 큰 결함을 지니고 있었다. 장식의 적절성은 두 가지 기준에 따라 판단됐다. 첫째, 장식의 그래픽적 특성과 장식이 가해진 물품은 서로 닮아야 한다는 것이고, 둘째, 장식이 불러일으키는 심리적 연상이 해당 물품의 용도와 밀접하게 연관돼야 한다는 것이다. 예를 들어, 포도 덩굴 문양은 와인을 담을 수 있는 물병에 적합한 장식인 반면에 뚜껑에 새겨진 스핑크스

문양이나 버터 용기에 새겨진 아테네 신들의 행렬 장식은 용기 자체와 아무런 연관성이 없다는 입장이다.

완벽한 장식에 대한 꿈은 오랫동안 지식인들 사이에서 지속됐는데, 그들은 실용 과학을 활용해 자연 현상을 연구함으로써 특정 물품을 보다 효과적으로 장식할 방법을 찾고자 했다. 그러나 이러한 이상은 결코 실현되지 않았다. 오히려, 중산층의 끊임없는 요구로 인해 과도한 장식이 결국 현상을 꿰뚫어 본 이들을 압도하게 됐다. 따라서 점점 만연해지는 장식을 억제할 수 있는 유일한 해결책은 건강한 반작용, 즉 단순성을 주요 기준으로 삼는 것이었다.

예술가들의 장식에의 개입

장식에 관한 다양한 이론은 여러 시대에 걸쳐 전개되어 왔다. 연이어 거론될, 유럽 대륙에서의 아르누보와 함께 역사주의와 근대운동 사이의 전환기 운동이었던 영국의 예술수공예운동은 19세기 중반 값싼 기계 생산과 역사주의적 키치kitsch의 범람에 대한 반작용으로 등장했다. 기계와 관련해 더 정확히 말하면, 19세기 장식주의자들의 실패는 그들의 작품이 기계 생산됐다는 데 있는 것이 아니라 기계 생산이 무분별하게 적용되었다는 데 있으며, 이것이 20세기의 기계로 만든 장식에 대한 반발의 원인이었다.[18] 원래 기계는 반복적이고 정밀한 작업을 가능하게 해 장식 제작에도 긍정적으로 활용될 수 있었다. 그러나 당시에 기계 생산은 심미적·구조적 맥락에 대한 충분한 고려 없이 무차별적으로 적용됐다. 즉, 건축이나 가구, 공예품에 기계로 찍어낸 장식을 마치 값싼 표피처럼 덕지덕지 붙여버림으로써, 장식이 본래 지녀야 할 의미와 조형적 정당성을 잃게 만든 것이 문제였다. 기계를 통해 새로운 미학적 가능성을 탐구하기보다는, 전통 장식을 단순 복제하거나 과잉 적용하는 데에 머물렀던 것이 19세기 장식주의자들의 근본적 실패 원인이었다.

1850년경 '해가 지지 않는 제국'으로서 산업혁명의 성공 덕분에 의기양양한 낙천주의가 팽배했던 영국은 그 이전에는 엄두도 낼 수 없었던, 각국의 기술적 생산품을 한곳에 모아 전시하겠다는 당찬 계획을 세우고 1851년 런던에서 첫 국제박람회를 개최했다. 단 17주 만에 건립된 폭 21.6미터, 높이 16.2미터, 총길이 554미터라는 압도적 규모의 전시장이 엄청난 양의 전시품과 참가자들로 붐볐지만, 다수 전시품의 미학적 수준은 혐오스러울 정도였다. 그렇게 된 원인에 대한 논의가 전개됐지만, 과학과 기술의 전례 없는 발전에 의한 성장의 시기에는 혼란스럽기만 했다. 과거에는 수공업자들의 손으로 어렵게 만들었던 정묘한 상품을 이제는 기계로 쉽게 만들 수 있게 됐는데, 왜 이런 놀라운 기술 발전이 예술의 향상에 기여하지 못하는가? 라는 의문이 가시지 않았다. 앞서 거론된 사유들은 물론이고 당시에 팽배했던, 자유를 최상의 정치적·사회적 가치로 삼는 자유주의liberalism도 한몫을 해 위조품이나 가증스러운 제품도 묵인되고 있었다. 이 1851년의 실패는 시급한 대응을 요구했고, 박람회를 주도했던 이들이 뭉쳐 예술수공예운동을 출범시켰다.

아직은 장식의 존재가 당연시되던 때였지만 마구잡이 장식의 적절성 여부는 반드시 짚고 넘어가야 할 문제였다. 예술수공예운동의 주요 인물 중 한 사람으로 일찍이 예술과 산업 결합의 중요성을 인식한 헨리 콜

오언 존스의 책 《장식 문법》 중에 나오는 평면적인 문양 디자인

1851년 런던 국제박람회에 전시된, 부풀린 소용돌이형 무늬와 불쾌할 정도로 사실적인 꽃무늬를 지닌 벨벳 벽걸이

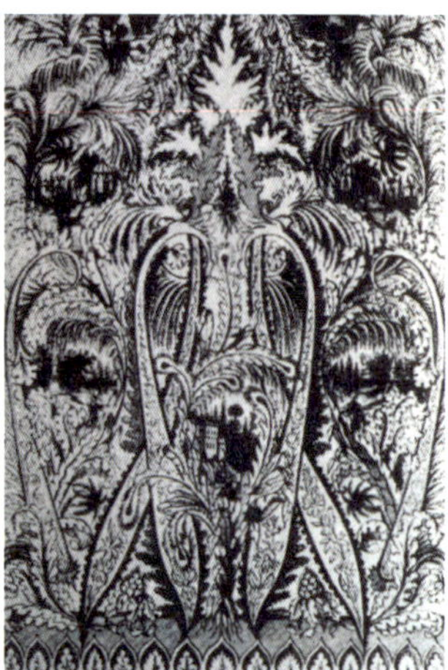

1851년 런던 국제박람회에 전시된, 양식주의와 사실주의의 조잡한 혼용으로 장식 요소들을 장황하게 엮은 비단 숄

Henry Cole, 1808~1882은 "장식된 물건에서 장식은 부차적이어야 한다. 장식은 타당성이 있어야 한다. 벽지와 카펫은 수평성이나 편평함을 보이는 것 외의 어떤 무늬를 가져서도 안 된다."라고 강조했다.[19] 장식이 존재할 필요성은 인정하지만, 미화를 위해 부가된 장식이 주체가 되어 대상의 전체성을 깨뜨리거나 용도를 감안하지 않은 부적절한 장식을 해서는 안 된다는 견해였다. 콜이 여러 장식 대상 중 굳이 벽과 바닥에 쓰이는 벽지와 카펫을 언급하며 평탄한 무늬를 강조한 것이 눈길을 끈다.

헨리 콜이 주도한 공예운동 단체인 콜 학파Cole Circle의 일원이었던 오언 존스Owen Jones, 1809~1874는 콜의 이런 주장에 공감해 박람회 개최 5년 후에 발간한, 후대의 디자인 교육 교재가 된 《장식 문법*The Grammar of Ornament*, 1856》에서 건축과 장식예술에서 형태와 색채의 배열에 관한 보편적 원리를 다수의 평면적 디자인 사례로 보여줬다. 이렇게 콜 학파는 곧이어 볼 윌리엄 모리스William Morris, 1834~1896보다 앞서서 19세기 중반의 절충주의적 양식인 빅토리안 성기High Victorian 디자인의 현란하고 정교한 자연주의에 반발해 평탄한 면을 위한 2차원적인 평면 패턴을 만들어냈다. 이는 런던 국제박람회에서 그들의 고개를 돌리게 한, 로코코 시대 수공업자의 구상과 솜씨를 모방해 마치 수공업 제품처럼 보이는, 부풀린 소용돌이형 무늬와 불쾌할 정도로 사실적인 꽃무늬를 지닌 벽걸이용 벨벳 카펫 특허품, 양식주의stylization와 사실주의realism의 조잡한 혼용으로 장식 요소들을 장황하게 엮은 비단 숄shawl 디자인 등에 대한 분노의 결과였다.

뒤에서 거듭 확인하겠지만, 여기서 언급된 '평탄한 면을 위한 평면적 패턴' 제시는 영국의 예술수공예운동의 영향을 받아 유럽 대륙에서 전개된 아르누보를 거쳐 이후 근대적 디자인에 결정적인 영향을 미친다. 헨리 콜과 오언 존스 같은 콜 학파는 아직 기계 생산품을 당연히 수용하는 입장이었는데, 꼭 의도한 것은 아니지만 평탄성이 강조된 그들의 디자인은 매끈한 표면을 가진 물품 생산에 더 적합한 기계와 어울릴 가능성을 내포하고 있었다.

건축가이자 디자이너와 비평가로 고딕 복고 양식에서 선구적인 역할을 한 퍼긴은 1841년에 발행한 저서《고딕 또는 기독교 건축의 진정한 원리들*The True Principles of Pointed or Christian Architecture*》에서 디자인에 대한 두 개의 위대한 원칙을 거론하면서 건물은 편의성convenience, 구조construction,

퍼긴이 디자인한 접시

밝은 색채에 균형 잡힌 문양을 지닌, 윌리엄 모리스의 데이지 벽지

단순성과 절제성을 드러내는, 윌리엄 모리스의 인동덩굴 문양 덮개

적합성propriety을 가져야 하며, 모든 장식은 구조를 풍부하게 하는 것이어야 한다는 서두를 내세웠다.[20] 그는 장식을 부차적인 것으로 보았다. 앞서 살펴본 바와 같이 19세기에는 구조적 요소에서 비롯된 장식을 강조하는 입장과 구조를 감추고 스타일적인 장식으로 건물을 아름답게 표현해야 한다는 입장이 대립했는데, 고딕 복고 양식이 강했던 영국의 건축가였던 그는 전자를 지지한 것이다. 이같이 산업혁명의 거대한 물결이 건축과 장식의 영역을 위협하고 있다는 인식이 공유되던 때에 등장한 영국의 섬유 디자이너, 시인, 예술가, 작가, 사회주의 활동가였던 윌리엄 모리스는 수공예 노동의 회복을 주장했다.[21]

콜 학파가 아직 기계 생산품을 수용하며 근본적인 개혁 없이 디자인의 향상에 노력할 때 모리스는 개인적인 본보기, 즉 예술가가 스스로 장인 겸 디자이너로 전환하는 것이 유일한 해법이라고 생각했다.[22] 이에 그는 1855년에 윌리엄 모리스 상회William Morris Society를 설립해 뜻을 함께한 동료들과 행동에 나섰다. 재료와 작업 과정의 본질을 중시한 그는 조형적 측면보다 예술과 사회성에 관련해 근대성을 추구했다. 어떻게 인간의 생활 속에 예술을 참여시킬 것인지를 고심하며, 예술이 특별한 사람만이 아닌 모든 인간이 누릴 수 있는 것이라고 본 존 러스킨의 예술 민주화 사상에 공감해 실천에 나선 것이다.

런던 국제박람회에서 드러났던 다른 디자이너들의 자연 모방과 달리, 모리스의 디자인은 전반적으로 장식적인 구성을 취하면서도 밝은 색채에 균형 잡힌 문양을 지녔다. 모리스 특유의 자연에 대한 강렬한 감정을 잃지 않은 데이지Daisy 벽지1861, 최고의 생동감을 보여주는 튤립tulip, 1875, 우아함이 금방 인식되며, 논리적 통합성과 자연의 성장 과정을 면밀히 연구한 결과인 분명하고 건전한 디자인을 선보여 혼돈에 반대되는 단순성과 절제성을 드러내는 인동덩굴Honeysuckle 덮개1883 등 모리스의 디자인에서 장식의 정직성이 회복된 것은 근대운동의 역사에서 중요한 사건이다.[23]

모리스는 건축가 필립 웹Philip Webb, 1831~1915과 협력해 자신이 거주할 주택인 붉은 집Red House, 1859~1860을 지으면서 기계 생산품의 저질성을 피하고자 다른 동료들과 함께 직접 실내장식을 했다. 예술수공예운동의 정신이 집약된 이 주택에는 당시 영국 부유층이 선호하던 바로크풍을 벗어나 고딕 복고주의 정신을 바탕으로 한 포인티드 아치와 가파른 지붕물매 같은 고딕적 디테일이 적용됐다. 또한 당시에 당연시됐던 좌우대칭의 평면을 거부하고 기능의 편의에 따라 내부 실들을 배치한 결과

윌리엄 모리스의 붉은 집 외관

윌리엄 모리스의 붉은 집 내부

인 L자형 평면을 수용했다. 이는 인위적 대칭성과 그로 인한 권위적 과시성을 피한 것이다. 이 주택은 구조부의 재료를 가리기 위해 회반죽을 겉에 바르는 신고전주의의 규칙을 따르지 않고 구조재료인 적벽돌을 그대로 노출해 '붉은 집'으로 명명됐다. 내부 바닥과 벽과 천장이 모두 평탄한 문양으로 장식됐고, 일반적으로 주택의 내부 치장에서 가장 신경을 많이 쓰는 장소 중 하나인 벽난로에도 별도의 마감처리 없이 거칠면서 소박한 내화벽돌을 그대로 노출했다.

크리스토퍼 드레서의 양념통 세트와 찻주전자

모리스의 초기 디자인 원칙을 따른, 산업 제품 전문 디자이너이자 이론가인 크리스토퍼 드레서Christoper Dresser, 1834~1904가 제

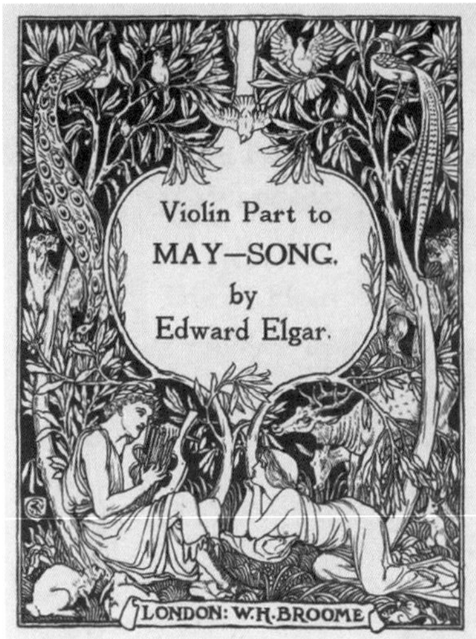

월터 크레인이 디자인한, 에드워드 엘가Edward Elgar가 작곡한 5월의 노래 악보의 표지

작한 일련의 양념통 세트 및 차茶 주전자1877~1878는 40여 년 후의 바우하우스 디자인에 비견될 만큼 시대를 앞서갔다. 그것은 장식이 없는 매끈한 표면에 기하학적 볼륨이 두드러졌다. 디자인의 단순성과 창조적인 대담성이 미래의 디자인 원칙을 예시한 것이다.

모리스의 제자였던 월터 크레인Walter Crane, 1845~1915에게 "꾸밈없는 재료와 표면은 유기적이지 않거나 아무런 기능이 없는 부적절한 장식보다 훨씬 바람직"[24]했다. 그는 장식 사용의 정당성을 입증하려는 노력 속에서, 장식의 적절성 여부는 그 기능을 기준으로 판단해야 한다고 주장했다. 그는 과거의 장식이 구조적 필요성에 의해 형성되었다는 점을 강조했다. 예를 들어, 고딕 양식의 석루조gargoyle는 원래 단순한 배수관이었지만 이후 장식적 요소로 변모했다는 것이다. 따라서 장식의 적절성 여부는 이러한 필요성에 의해 결정되어야 한다는 것이 그의 논점이었다.

존 러스킨은 그의 저서 《건축의 일곱 등불*The Seven Lamps of Architecture*, 1849》에서 역사 속에서의 기능적 장식의 개념을 설명하며, 월터 크레인의 견해와 유사하게, 고딕 양식의 첨탑이 처음에는 구조적 요소였으나

존 러스킨의 저서 《건축의 일곱 등불》에 실린 드로잉

시간이 지나면서 장식적 요소로 변모했다고 지적했다. 그는 같은 책에서 기계로 제작된 장식이 세 가지의 '건축상의 기만' 중 하나라고 표현했다.[25] 러스킨이 말하는 세 가지의 '건축상의 기만'은 첫째, 해당 양식과는 다른 유형의 구조나 지지물을 사용하는 것처럼 보이는 경우, 둘째, 실제의 표면 구성 재료와는 다른 재료를 쓴 것처럼 표면을 칠하거나 기만적인 장식을 조각해서 나타내는 경우, 셋째, 거푸집으로 제작하거나 어떤 종류로든 기계로 제작된 장식들을 사용하는 경우다. 러스킨은 이것을 '작업상의 기만'에도 해당한다고 봤는데, 모든 주형 및 기계 작업은 작업으로서 조악하며 정직하지 않다는 것이다.[26]

러스킨이 주장한 예술의 민주화 신념의 바탕에는 사람과 노동이 필연적으로 이어져 있었다. 예술가와 이를 받아들이는 향유자 간의 상호협의가 이뤄져야 본질이 탄생하는데, 그가 보는 장식은 실질적으로 생활에 도움이 되지는 않지만 그 본질 즉, 신성하고 아름다운 감흥을 자아내는 역할을 한다면 유용할 수 있는 것이었다. 러스킨에게 기계의 힘을 빌린 장식은 시詩가 귀에 거슬리게 기계적으로 낭송되는 것과 같았다. 이 차이를 감지하지 못하는 사람들이 많지만, 시를 사랑하는 사람들에게 이 차이는 모든 것이어서 차라리 낭송을 듣지 않으려고 할 것이라며, 마찬가지로 건축을 사랑하는 사람들은 잘못된 장식이 새겨지는 것을 보기보다는 차라리 장식을 하지 않으려고 할 것이라고 주장했다.[27]

러스킨은 부적절한 장식보다는 단순한 건물의 골조가 더 바람직하다고 주장했다. 또한, 그는 장식이 상업적 목적과 결합되어 사용되어서는 안 된다고 봤다. 그는 상점의 정면, 기차역, 그 외의 공공장소뿐만 아니라, 본질적으로 장식이 없어도 아름다움을 갖출 수 있는 물품들까지도 장식으로 꾸며지는 것에 대해 깊은 불만을 느꼈다. 또한 비용이 더 들 수밖에 없는 장식을 통해 수익성을 기대하는 것을 경계했다. 러스킨 시대에 대량으로 생산되던 건축 장식은 그로 하여금, 비록 기차역이 그의 관점에서 정통 건축의 범주에 속하지는 않더라도, 장식 없이 지어진다면 그것을 하나의 건축 작품으로 받아들이게 했다.[28] 신을 섬기거나 신에게 영광을 돌리기 위한 종교적인 건축, 기념비와 묘지 같은 기념비적인 건축, 공동 사업이나 국가나 사회를 위해 세운 공공 건축, 모든 사적이고 공적인 방위용의 군사적인 건축, 모든 종류와 유형의 주거 건축만을 진정한 건축으로 본 러스킨의 보수적인 관점[29]에서도 부적절한 장식에 대한 반감이 매우 컸음을 확인할 수 있다.

이러한 러스킨의 입장은 후대 건축가들이 단순하고 비장식적인 산업적 형태를 이상화하는 방향으로 나아가는 데 일조했고, 마침내 부르주아 계층의 취향을 통제하려는 모더니즘 건축의 길로 이어졌다.

아르누보, 역사주의와 모더니즘 사이 전환기의 장식

예술수공예운동과 함께 역사주의에서 20세기 기능주의로의 전환 시기에 일어난 아르누보는 낭만적이고 개인주의적이며 반反역사적인 예술 운동으로, 1890년에서 1910년 사이의 짧은 기간 동안 유럽 전역에 들불처럼 번져나갔다가 급속히 사그라들었다. 아름다움의 추구를 예술의 궁극적인 목적으로 삼은 19세기 말의 유미주의唯美主義, aestheticism와 동행하며 회화, 조각, 일용품, 건축 등 순수예술부터 거주 환경까지 폭넓게 퍼져나갔다.

새로운 예술로서의 새로운 장식

새로운 예술이라는 의미의 아르누보는 그 이름처럼, 식물에서 착안한 우아한 곡선을 활용해 이전에 없었던 독특한 장식성을 추구했다. 19세기 말 상징주의의 풍부한 상상력과 어울리며 예술가 개인의 꿈과 무의식 같은 환상을 분출한 것이다. 아르누보라는 명칭은 1895년 파리에서

문을 연 근대용품 판매점의 이름에서 유래했는데, 물결, 불꽃, 꽃잎, 흐르는 머릿결 같은 파동형을 디자인 모티프로 활용한 데서 벌써 기계를 모델로 하는 20세기 디자인의 구성법과 대척점에 있음을 시사한다. 무질서할 정도로 생生의 율동을 분출하는 곡선 장식은 노르웨이 표현주의 화가 뭉크Edvard Munch, 1863~1944가 그린 '절규', '마돈나', '흡혈귀' 등과 프랑스 인상주의 화가 고갱Paul Gauguin, 1848~1903이 그린 '도끼를 든 남자' 같은 당시 유럽 회화 작품뿐 아니라 클로드 모네Claude Monet, 1840~1926가 감동했던, 풍속을 소재로 일본에서 에도시대[30]에 성행했던 채색 목판화인 우키오에浮世絵 등에 자극을 받았다. 당시 유럽에 자포니즘Japonisme(일본주의)의 열기를 불러온 우키오에의 비대칭적 구성, 높은 시점, 과감한 클로즈업 기법을 통한 전통적인 원근법에서 벗어난 새로운 시각 표현법과 평면적이고 선명한 색채, 윤곽선 중심의 표현 방식은 인상주의 및 후기 인상주의 화가들에게 영향을 미쳤다. 벨기에에서 시작되어 프랑스와 유럽 전

뭉크의 작품 '절규', 1893, Nasjonalmuseet for kunst, arkitektur og design 소장

고갱의 '도끼를 든 남자', 1891

1766년에 스즈키 하루노부가 그린 우키오에 '셋째 공주님'

역으로 퍼져나가면서 오스트리아와 스코틀랜드에서는 기하학에서 영감을 받는 등 나라마다 조금씩 다른 버전을 선보이며 불어로 아르누보로 불렸던 것이 독일에서는 유겐트슈틸Jugendstil(Youth Style이라는 의미), 이탈리아에서는 스틸레 리베르티Stile Liberty(자유주의) 혹은 플로레알Floreale(꽃의), 오스트리아에서는 세제션 스틸Sezession stil(분리파 양식), 스페인에서는 모데르니시모Modernissimo(매우 현대적인)로 달리 명명되기도 했지만, 뿌리가 같은 장식예술 분야의 운동이었다.

아르누보의 장식도 2차원적인 평면성을 중시했다는 사실이 중요하다. 물론 스페인의 아르누보 건축가라 할 수 있는 안토니 가우디Antoni Gaudí, 1852~1926는 카사 밀라Casa Milà, 1906~1910 등에서 당시 독일에서 등장한, 아르누보와 무관하지 않은 표현주의 건축[31]의 성향처럼 곡면이 두드러지는 3차원적 건축을 선보이기도 했지만, 아르누보 계열 작품 대부분은 2차원적이고 비대칭적인 특징을 보였다. 예술수공예운동의 평탄한 면을 위한 평면 패턴 양식과 붉은 집의 비대칭성을 잊지 않은 것이다.

처음에는 공예 분야가 이 새로운 운동을 주도했지만, 곧 건축 분야에서도 자리를 잡아 다양한 건축물의 계획에 영향을 미쳤다. 교회당, 지하철 역사, 미술관, 극장, 상점, 개인 주택 등 여러 건축 유형에서 그 특징을 찾아볼 수 있다. 일부 건물은 아르누보의 곡선적 스타일을 장식적 디테일과 생물 형태적 디자인으로 보여주었고, 다른 건축물은 절제된 표현과 직각적인 형태를 통해 직선적인 스타일을 구현했다.

아르누보 건축은 프랑스와 국경을 마주한 불어권 국가인 벨기에의 수도 브뤼셀을 중심으로 1892년부터 본격화됐다. 1890년대 초 이곳과 지리적으로 가까운 영국의 예술수공예운동과 프랑스의 전위적 회화인 후기 인상주의가 소개되고 자국의 상징주의 문학운동과 융합을 이뤄 비옥한 예술적 풍토가 마련된 덕분이었다. 빅토르 오르타Victor Horta, 1861~1947가 계획한 타셀 저택Hôtel Tassel, Bruxelles, 1893~1895은 첫 아르누보 건축 작품으로 느닷없이 등장했지만 높은 완성도를 보였다. 오르타는 여기서 의식적으로 과거의 양식 모방에서 벗어나고자 한 아르누보의 미학에 동조하면서 개인 주택에 석재의 둔중함과 조화를 이루는 유기적 선

3차원적 곡면을 드러낸 안토니 가우디의 카사 밀라

빅토르 오르타의 타셀 저택 외관

빅토르 오르타의 타셀 저택 외관에 보이는 아르누보 디테일

빅토르 오르타의 타셀 저택 내부

으로서의 철鐵을 도입해 장식적 가능성과 내구성을 시험했다. 바닥의 모자이크에서 시작해 벽면을 덮고 천장까지 이어지는 식물 장식이 보여준 창의적이면서 우아한 곡선의 율동은 보는 이의 눈길을 사로잡았다. 문과 벽의 스테인드글라스 장식, 난간, 꽃 모양의 조명 기구, 주철로 만든 지주와 가로대를 어린나무로 변용變容한, 참신한 색채로 빛나는 이 장식의 율동은 풍성하게 번영해 나가는 유기적 생명을 상징하면서 건물 전체를 이상적인 인공 낙원이 되게 했다. 수공예적 건설 방식을 기반으로 장식을 구조적 표현의 유기적 일부로 간주해 독창적이고 화려한 장식 기법이 창안된 것이다. 이 주택이 선보인 아르누보 양식의 자연스러운 불규칙성과 물 흐르듯 한 선의 아름다움은 '오르타 라인Horta Line'이라는 이름으로 주목받았다.

빅토르 오르타의 타셀 주택 계단실

빅토르 오르타의 솔베이 저택 외관

빅토르 오르타의 솔베이 저택 주 계단실

오르타는 타셀 저택과 도보 길로 400미터 거리에 가구에서부터 비대칭형 목제문의 금속 손잡이까지 전체를 손수 다뤄 더욱 정교한 완성도를 보인 솔베이 저택Hôtel Solvay, 1895~1900을 지었다. 그는 여기에서도 철을 구조적 요소이자 장식적 요소로 활용했으며, 외관은 평평한 표면과 곡선형 표면이 교차하며 장식이 마치 자연스럽게 놓인 듯한 형태를 취했다. 이 두 저택은 오늘날 바르셀로나에서 도보 길로 500미터 떨어져 있으며, 가우디가 설계한 카사 바틀로Casa Batlló, 1904~1906와 앞서 언급한 카사 밀라와 마찬가지로 주거용 건물로서 가까운 위치에서 건축가의 작품 특성을 선명히 드러내는 주요 건축 답사지가 되었다. 두 건물은 각

안토니 가우디의 카사 바틀로 외관

빅토르 오르타의 민중회관 대강당, Horta Museum 소장

기의 지역 특색을 띤 아르누보 건축의 진수를 보여주고 있다.

오르타가 브뤼셀에 건립한 또 하나의 역작으로 벨기에 노동사회당 당사인 민중회관Maison du Peuple, 1896~1899은 흔히 위세를 드러내고 싶어 하는 정치용 당사임에도 대지선을 따라 정면의 가운데가 뒤로 물러나며 우아하게 휘어진 오목한 파사드로 방문객을 환대한다. 이 정면은 철 구조물, 벽돌, 돌과 유리가 조합되어 있는데, 주철의 난간과 돌 위의 조각들이 아르누보의 섬세한 장식적 디테일을 보여준다. 구조체임과 동시에 장식 요소인 기둥과 주철제 보로 지탱되는 대강

빅토르 오르타의 민중회관 외관, Horta Museum 소장

당은 당시에 꼭 필요한 공간으로 밝은 공간성을 드러낸다. 이 회관은 이탈리아 근대운동을 개척한 주세페 테라니Giuseppe Terragni, 1904~1943가 코모Cômo에 건립한 파시즘 당사1932~1936와 브라질 모더니즘 건축의 대표자인 오스카르 니에메예르Oscar Niemeyer, 1907~2012가 파리에 세운 프랑스 공산당사1967~1972와 함께 정치용 건물임에도 과거의 양식을 동원해 과시와 위엄을 드러내는 것과는 전혀 다른 현대적 풍모를 지닐 수 있음을 보여줬다.

브뤼셀에 분 새로운 바람은 곧 가까운 파리에 닿았다. 고딕 복고 양식의 건축가였다가 오르타의 영향으로 프랑스를 대표하는 아르누보 건축가가 된 엑토르 귀마르Hector Guimard, 1867~1942가 설계한 카스텔 베랑제Castel Béranger, 1895~1898[32]의 파사드는 고딕 복고풍이면서 아르누보의 곡선 스타일을 특징적으로 보여준다. 내외의 철세공과 다채로운 도

주세페 테라니가 코모에 건립한 파시즘 당사 외관

오스카르 니에메예르가 파리에 세운 프랑스 공산당사 외관

카스텔 베랑제의 외관

카스텔 베랑제의 현관 홀 내부

자기 판에 새겨진 장식이 현관 홀에서부터 중정의 분수까지 자유분방한 환상을 전개하는데, 숲의 수목과 야성과 운동감으로 가득 찬 식물 장식의 레퍼토리를 창조했다.

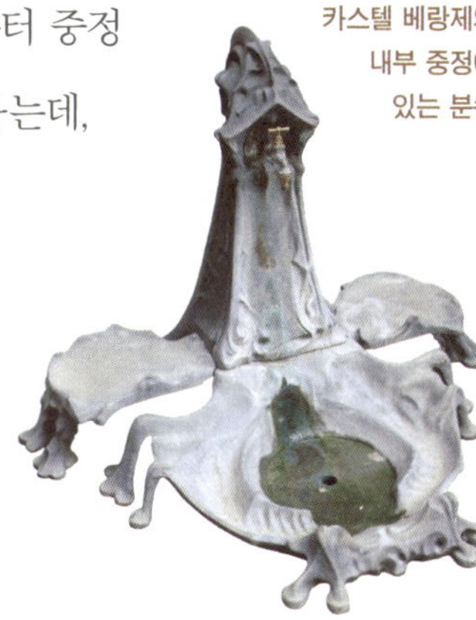
카스텔 베랑제의 내부 중정에 있는 분수

귀마르는 1900년에서 1913년까지 극도의 아르누보 양식으로 파리 지하철 입구 141개를 만들어 파리지앵과 관광객들이 오늘날에도 아르누보를 생생히 접촉할 수 있게 했다. 주물로 선先제작된 3개의 기본형으로 곡선적인 아르누보 스타일의 철제 구조물을 고안해 활용한 점에서도 중요한 의미를 지니는데, 이 기본형은 서로 다른 대지 조건에 대응하며 조합됐다. 지하의 미로에서 뚫고 나오는 촉수를 닮은 지주와 난간, 괴수의 날개 같은 유리 지붕이 초현실적인 분위기를 연출하고, 고대 동물이나 갑각류를 연상시키는 동물의 비늘 모양 등이 서늘한 관능성을 드러내면서, 깊은 땅속을 거침없이 달리는 지하철이 연상시키는 비일상적 혼돈과 비합리적인 힘, 원시적인 자궁의 풍요성을 드러냈다.

엑토르 귀마르의 파리 지하철 포르트 도핀Porte Dauphine역 출입구

오스트리아의 아르누보인 비엔나 세제션의 창립자인 요제프 호프만Josef Hoffmann, 1870~1956은 곡선적 식물 장식에서 벗어나 직선과 장방

요제프 호프만의 푸르커스도르프 요양소 외관

요제프 호프만의 스토클레 저택 외관

올브리히의 빈 분리파 전시관 외관

형, 기하학적 형태와 흑백의 반복에 의한 우아한 양식을 제시했다. 그는 푸르커스도르프 요양소Purkersdorf Sanatorium, 1903~1904에서 개구부와 건물의 가장자리에 백색과 청색의 격자가 있는 직선적인 띠를 설치해 건물의 볼륨감을 없애고 평면들의 직각 조합으로 만들었다. 그는 브뤼셀에 계획한 스토클레 저택Palais Stoclet, 1905~1911에서도 외장재인 얇은 대리석 판의 모서리에 금색의 가느다란 띠 장식을 붙여 구조체의 질량감을 없애고 건물의 중량감을 부정했다. 역시 빈 분리파의 창시자인 요제프 올브리히Josep Maria Olbrich, 1867~1908가 계획한 빈 분리파 전시관Wiener Secessionsgebäude, 1897~1898의 상부에 예술의 '신성한 봄'을 상징하는 생명나무라는 의미로 올려진 금색 구형球形을 축소해 올려놓은 듯한 저택 정상부 탑 위의 돔dome에서 생명수가 분출해 이 띠들을 따라 분기되어 아래로 흘러내리는 듯하다. 내벽과 외벽 모두 평탄한 면의 조합인 것은 동일

요제프 호프만의 스토클레 저택 내부, MAK-Museum of Applied Art 소장

하나 외벽이 가볍고 중성적인 이미지인 반면에 내부의 바닥과 벽은 평면적이면서도 직선과 곡선이 공조한 장식이 매우 섬세하게 더해졌다. 의자와 테이블 등 가구도 내부의 장식적 특징을 공유한다.

아르누보의 후속 발전 과정에서는 건축 자체를 조각적으로 다루는 방식도 등장했다. 이는 건물의 각 부분을 극적으로 연출하는 기법으로 찰스 레니 매킨토시Charles Rennie Mackintosh, 1868~1928의 글래스고 예술학교Glasgow School of Art, 1898~1909, 건물 전체를 조각적으로 모델링해 초감각적 세계인식과 인간의 영적 본질에 대해 고찰하는 신지학적神知學的 분위기를 보이는 앙리 반데벨데Henry van de Velde, 1863~1957의 쾰른 독일공작연맹 극장Werkbund Theater, 1913~1914과 앞서 본 안토니 가우디의 카사 밀라 등으로 나타났다.

충격적인 독창성을 지닌 가우디의 작품들은 카탈로니아 민족성과 정신 풍토, 역사적으로 아랍 문화와 연계된 그 지역의 예술적 전통과 연관되어 나온 것이다. 가우디 건축은 매우 장식적이지만, 그의 주관심사는 구조였지 외적인 장식이 아니었다. 그에게 형상의 가장 명확한 표현은 골격에 의해 주어지는 것이며, 그 이외의 것은 골격을 포장하기 위한 디테일에 불과했다. 최근에야 완공에 가까워진, 정교한 장식으로 유명한 성가족 교회Sagrada Familia, Barcelona, 1884~는 '최후의 고딕 건설자'로 불리는 가우디가 둥근 천장인 볼트의 미는 힘thrust을 지지하는 고딕의 버트레스를 우매하게 여기고 새로운 도전을 한 결과물이다. 버트레스나 두꺼운 벽에 의존하지 않고 지붕이 부과한 옆으로 미는 힘을 흡수하기 위해 구부러진 기둥, 포물선, 쌍곡면을 이용한

찰스 레니 매킨토시의 글래스고 예술학교 주출입구

앙리 반데벨데의 독일공작연맹 극장 외관

안토니 가우디의 성가족 교회 외관

것이다. 이 시도는 최고의 경제성과 효율성을 위해 고안된 유기적인 인장 구조tensile structure나 쉘shell 구조에 비길 만한 구조적 성과였다. 그러나 가우디의 재료 사용은 여전히 보수적이어서 돌, 벽돌, 나무 등을 사용했는데, 이것들에 진실성과 문화적 연속성이 있다고 믿었기 때문이다.[33]

안토니 가우디의 성가족 교회 디테일

유럽 대륙을 넘어선 아르누보

아르누보는 유럽을 넘어 타 대륙에까지 영향을 미쳤는데, 여기서는 대서양을 건너 미국에서의 상황만 살펴보자. 대표적인 건축가로 시카고 출신의 루이스 설리번Louis Sullivan, 1856~1924이 있다. 설리번은 그동안 기능주의 건축의 아버지로 여겨졌으나, 근래에 학자들은 그가 건축에 기여한 가장 중요한 요소가 역사적 참조에서 벗어나 모든 유형의 건축물에 적용할 수 있는 새로운 장식적 어휘를 발전시킨 것임을 받아들이기 시작했다.

1986년부터 1988년까지 시카고, 뉴욕, 워싱턴 D.C.에서 개최됐던 설리

루이스 설리번의 카슨 피리 스콧 백화점 오픈 당시 모습

번 전시회[34]는 그의 장식적 요소 개발이 전 생애에 걸쳐 자연에서 가져온 모티브에서 영감을 받았음을 보여줬다. 설리번은 경력 초기에 건물의 일부만 장식했으나, 시간이 지나면서 전체 외벽과 내부 모든 부분에까지 장식적 용을 확대했다. 이를 통해 그는 건물 내부의 긴장감과 구조적 흐름을 표현할 수 있었으며, 마치 건물이 자연스럽게 성장한 것처럼 보이게 했다. 즉, 건물의 구조 전체가 단순한 장식이 아니라 마치 식물처럼 유기적으로 자라난 것처럼 보이도록 만들었다. 아르누보의 냄새가 풀풀 나는 것이다.

설리번은 기원전 1세기경에 활약한 고대 로마의 기술자이자 건축가 비트루비우스Marcus Vitruvius Pollio가 저서 《건축에 관하여*De architectura*》에서 건축물이 갖춰야 할 세 가지 요소로 견고함firmitas, 유용성utilitas, 아름다움venustas을 제시하면서 건축은 견고하고 유용하며 아름다워야 한다고 주장한 것에 주목했다. 실용적인 사용 요구를 미적 요소와 동등하게 고려해야 한다는 의미로 받아들인 것이다. 견고함과 유용성이 아름다움보다 앞자리를 차지한 것에서 현대 건축에서 건축적 장식 요소가 불필요하다는 해석도 있었지만, 설리번은 이 세 요소 중 어느 것도 다른 것보다 우위에 있다고 보지 않았다.

설리번이 설계한 건물은 간결하고 깔끔한 형태를 보이기도 했으나, 종종 철제 또는 테라코타로 제작된 무성한 아르누보 또는 19~20세기에 발생한, 켈트족 문화에 대한 관심과 운동을 말하는 켈트 복고주의Celtic Revival 스타일의 장식 요소들을 더해 단순한 표면을 강조하곤 했다. 이러한 장식 요소는 덩굴이나 담쟁이와 같은 유기적인 형태부터 기하학적인 패턴과 아이리시 디자인 전통에서 영감을 받은 얽힘interlace 무늬에 이르기까지 다양했다.

설리번은 그의 장식 요소를 표현하는 데 적합하다고 판단한, 돌보다 가볍고 다루기 쉬운 재료인 테라코타를 자주 사용했다. 설리번의 장식 요소 중 가장 유명한 예시는 시카고 남부에 건립된, 강철 프레임 구조로 유명한 카슨 피리 스콧Carson Pirie Scott 백화점(지금은 설리번 센터The Sullivan Center)의 북서쪽 모서리 입구 위를 덮고 있는 녹색 철제 장식일 것이다.

루이스 설리번이 계획한 카슨 피리 스콧 백화점의 북서쪽 모서리 입구 위를 덮고 있는 녹색 철제 장식

스테이트 가로State Street와 매디슨 가로Madison Street 양쪽에서 보이는 곳에 아름다운 장식을 함으로써 건물에 우아하고 독특한 개성을 부여해 인근 상점들과의 경쟁에서 이기려는 심산이었다. 설리번의 트레이드마크가 된 이 장식은 건축을 공부하는 이들에게 설리번의 시그니처로 인식될 정도로 독창적이었다.

설리번이 설계한 개런티 빌딩에서는 그의 또 다른 대표적인 디자인 요소인 반원형 아치가 입구, 창문틀, 또는 실내 디자인 요소로 사용됐다. 이 건물은 1895년 뉴욕 버펄로에 완공된 사무실 건물로, 팔라초 스타일Palazzo style[35]을 기반으로 하며 세 개의 디자인 구역으로 명확히 구분되는데, 가장 위쪽의 처마가 설리번 특유의 아르누보 양식 덩굴 장식으로 덮여 있다. 건축사적으로 중요한 전환점에서 탁월한 디자인과 건설 업적을 남겨 '미국 마천루의 아버지'로 불리는 설리번에게 장식은 단

개런티 빌딩의 처마 디테일, 루이스 설리번

순한 미적 요소가 아니라, 건축의 구조적 원리와 유기적으로 연결된 필수적인 디자인 요소였다. 그는 장식을 건물의 기능과 조화를 이루는 자연스러운 표현으로 보았으며, 기하학적 패턴과 유기적인 곡선을 활용해 구조의 본질을 강조하고자 했다. 특히, 자연에서 영감을 받은 그의 독창적인 장식 디자인은 건물의 개성을 부각하고, 사용자의 경험을 풍부하게 만드는 역할을 했다.

프랭크 로이드 라이트Frank Lloyd Wright, 1867~1959는 미국 근대 건축을 대표하는 건축가로서 이후 다시 거론되는 바와 같이 유럽의 20세기 핵심 근대운동인 데 스틸에 영감을 준 인물이다. 다른 한편으로 그는 출생 시기가 유럽의 아르누보 대표 건축가들과 비슷한 세대로서 19세기 말과 20세기 초에 유럽에서 분 새로운 바람에도 엮여 있었다. 그는 아르누보의 유동적인 곡선과 기하학적 직선을 결합한 독창적인 스타일로 건축

개런티 빌딩의 입구 상부 디테일, 루이스 설리번

프랭크 로이드 라이트의 로비 하우스 내부

뿐만 아니라 실내 디자인, 가구, 조명 등까지 통합적으로 설계했다. 아르누보가 영향을 받은 일본 목판화 우키요에에 그 역시 심취했던 사실에서도 아르누보와 그의 연관성을 확인할 수 있다.[36] 건축을 총체적 예술로 보고 통합적 디자인을 추구한 앙리 반데벨데처럼 안주인의 실내복과 실내화까지 디자인하고 그 옷과 신을 입고 신고 있지 않으면 화를 낼 정도는 아니었지만, 그도 실내장식과 스테인드글라스의 장식적 패턴, 의자 등 가구 디자인에도 관여하며 아르누보의 매력에 동참했다. 유기적 건축Organic Architecture[37]의 대표자면서 건물과 조화를 이루는 유기적 장식Organic Decoration을 긍정적으로 받아들인 것이다.

아르누보의 성취와 실패

아르누보는 급속한 산업화가 불러온 누적된 부작용에 대한 저항과 일상 환경 및 생활용품에 새로운 스타일을 찾고자 하는 노력 속에서 탄생했다. 아르누보 건축가들은 과거의 스타일 답습을 의식적으로 거부하고, 장식을 중심으로 한 새로운 건축을 희망했다. 이들은 수공예적 건축 기법에 기댔으며, 다채로운 재료(도기, 세라믹, 테라코타, 유리), 화장널을 위한 이국적인 목재, 석재, 철제 난간과 발코니와 기둥 등을 활용했다.

19세기 시대 상황에 적합한 양식의 부재에 대한 반작용이기도 했던 아르누보는 이론적으로, 윤리적·정치적 관점에서 존 러스킨의 염원처럼 예술을 사회에 도입하고자 했다. 미술, 건축, 공예, 가구 디자인 등이 유기적으로 통합된 예술을 추구해 실생활 속 예술을 실현함으로써 종합예술Gesamtkunstwerk의 실현도 꿈꿨다. 그러나 실제로는 곧 반동적이고 부르주아적인 성격을 띠게 됐다. 인간을 기술의 부담에서 해방시키고자 하면서 기계를 악마의 발명품으로 간주했고, 자연과의 연결을 회복하고 수공예를 부활시켜 산업 시대에 적합한 장식미를 모색하는 모순을 드러냈다. 아르누보가 선보인 비대칭적인 문과 창의 틀, 로지아loggia, 말발굽 모양의 창문 등은 분명 독창적이었지만, 장식적 요소가 지나치게 강조되면서 기능성과 실용성이 떨어질 수밖에 없는 스타일의 과잉과 높은 제작 단가는 오늘날에 봐도 우려스러울 정도다.

영국의 예술수공예운동과 유럽 대륙의 아르누보 운동은 둘 다 역사주의와 근대운동 사이의 과도기적 성격을 띠고 있으면서 유사한 점이 많았다. 19세기 중반에 시작된 예술수공예운동은 윌리엄 모리스의 가르침을 바탕으로 뿌리를 내려 예술가의 건강한 지위와 디자인의 정당한 위치를 위해 싸웠다는 점은 평가를 받을 만했다. 하지만 기계의 장점을 취하는 대신 배척함으로써 수공예로 만들어진 고가의 제품이 일반인의 수중에 들어갈 수 없었고, 염원했던 예술의 민주화는 요원했다.

아르누보 예술가들은 역사주의의 부흥에 저항하며 자신만의 독창적인 표현 언어를 찾으려고 했다. 이러한 미래지향적이고 혁명적인 태도는 이후 반反역사주의적인 근대 건축으로 나아가는 디딤돌이 됐다. 철과 유리의 미학적 가능성을 발견했고, 과거의 장식을 모방하지 않은 평면적인 장식 패턴이나 건물 모서리에 띠를 설치하는 방식으로 과거 건축의 음영 있는 치장이나 고질적인 무게감을 덜어낸 것은 후일 1920년대의 평탄한 표면의 가벼운 근대 건축이 도래하는 데 힘을 실어줬다. 하지만 이러한 근대성에도 불구하고 아르누보가 수공예와 장식예술에 큰 비중을 둔 것이 문제였다. 아르누보도 예술수공예운동과 마찬가지로 수공예 중심의 고급 예술로서 제작 단가가 높아 대중적 확산에 실패한 것이다. 기계 생산과 대량생산이 중심이 된 근대 산업사회와의 조화에 실패하는 것은 예견된 수순이었다. 나라마다 여러 이름으로 불리며 다른 버전을 보였던 지리적 편차와 통일성 결여 또한 아르누보의 단명을 재촉했다.

아르누보는 이름 그대로 새로운 예술을 시도했지만, 19세기 초기 프랑스 이론가들이 장식 자체의 사용 여부보다 적합성과 단정함을 문제 삼았던 것과 달리, 20세기 근대 기능주의자들은 과학적이고 합리적인 시대에 어떤 형태의 장식도 적절하지 않다고 여기며 아르누보를 부르주아적이고 비도덕적인 예술로 간주하고 배척했다. 지나치게 감각적이었던 아르누보가 '예술을 위한 예술'이라는 관념을 수용할 준비가 되어 있는 심미주의자들을 향유 대상으로 삼아 근대성의 척도인 사회적 의식이 결핍됐다는 비판을 피할 수 없었다. 이 와중에 등장한 한 논평이 20세기 초까지 생명을 이어온 장식에 치명타를 가하게 된다. 이는 다음 장에서 살펴보자.

아돌프 로스의 수필 〈장식과 범죄〉의 영향력과 진의

20세기 장식에의 치명타

기계적 생산방식에 의한 도를 넘어선 방종과 예술수공예운동의 행보에 대한 비난으로 장식은 설 자리를 잃어가고 있었다. 이와 더불어 미국 사회학자이자 경제학자 소스타인 베블런Thorstein Veblen, 1857~1929이 1899년에 발간한 사회 비평서 《유한계급론*The Theory of the Leisure Class*》은 사회 계층과 노동 분업에서 비롯된 소비주의의 일환으로서 부유층이 자신의 사회적 지위를 드러내기 위해 저지르는 불필요한 과시적 소비를 비판했다. 베블런은 복잡하고 과장된 디자인이나 장식적인 요소들을 생산성이나 효율성과는 거리가 먼 '분명한 소모'라고 비난했고, 이런 공격으로도 장식은 신용을 잃어갔다. 당시 미국 신흥 부자들의 장식적 성향은 자본주의 비판자로서 사치스러운 생활양식, 소비행태, 그리고 경제적 계층화가 심리와 사회에 미치는 영향을 탐구한 그가 처음 제시한 '과시적 소비conspicuous consumption'와 '과시적 여가conspicuous leisure' 개념을 잘 드러냈다.[38]

1908년에 오스트리아 건축가이자 영향력 있는 이론가면서 당대 건축에 대한 논쟁가 아돌프 로스가 당시 장식의 위기가 절정에 이르렀음을 보여주는 평론인 〈장식과 범죄〉를 썼다. 건축사가 피터 콜린스Peter Collins, 1920~1981는 자신의 저서에서 로스의 평론이 지닌 영향력을 언급하며 로스가 동시대의 장식을 통렬하게 비판한 것이 건축 표면을 간소화하고 장식을 철폐하는 흐름을 촉진한 주요 원인 중 하나라고 설명했다. 동시에, 이러한 경향은 회화와 조각에서도 세부 묘사가 사라지게 만든 요인 중 하나였다고 지적했다.[39]

로스는 건축을 공부하고 개인 작업을 시작하기 직전인 1893년부터 3년간 과거의 누적된 전통으로부터 자유로웠던 신생국인 미국에 체류했다. 이 시기의 경험은 그에게 강렬하고 지속적인 인상을 남겼다. 오스트리아 제국의 사회적·예술적 한계에 실망했던 그에게 미국은 모든 것이 가능해 보이는 나라였다. 당시 많은 유럽인에게 미국은 계급이 존재하지 않는 나라, 그리고 광대한 영토가 펼쳐진 기회의 땅이었다. 또한, 실용주의의 나라로서 그가 깊은 감명을 받은 루이스 설리번의 "형태는 기능을 따른다."라는 유명한 금언처럼, 미국에서는 용도가 디자인을 결정 짓는 근본적인 원칙이었다.

로스는 이후 설리번이 1892년에 발표한 수필 〈건축에서의 장식Ornament in Architecture〉에 깊은 관심을 가졌다. 근대 건축의 가장 위대한 장식가 중 한 명인 설리번은 이 수필에서 자신의 작업에는 한 번도 적용하지 않았지만 "우리의 사고가 건물을 본질적인 형태 그대로 아름답게 만드는 데 집중할 수 있도록 몇 년 동안 장식을 완전히 배제하는 것이 미적으로 훨씬 더 나을 것이다."[40]라고 주장해 장식을 제거함으로써

낭만주의 시대인 1834년에 무도회장에서의 댄디 복장으로 멋을 부린 신사. Brown University Library 소장

건축의 본질적인 형식, 즉 구조, 공간 구성, 비례, 재료에 주의를 집중시킬 수 있다는 것을 알려줬다. 시각적 산만함을 유발할 수 있는 장식을 제거하면 건물의 핵심적인 미적 요소에 더 집중하게 되고, 그로 인해 더 순수하고 근본적인 아름다움을 추구할 수 있다는 것이다.

군 복무 통지를 받은 로스가 미국에서 귀국하던 중에 들른 런던에서 체험한 영국 문화도 그의 내면에 깊이 새겨졌다. 예술사가 루보크Jules Lubbock, 1943~는 〈아돌프 로스와 잉글리시 댄디Adolf Loos and the English Dandy〉라는 글에서, 로스의 〈장식과 범죄〉가 영국의 실용적인 패션에서 큰 영향을 받았음을 밝혔다.[41] 여전히 레이스가 달린 불편한 옷으로 성장盛粧하는 것을 당연시했던 유럽 대륙의 부유층과 달리 영국 멋쟁이들이 신사다운 신중함과 적절함으로 몸에 맞는 간편한 복장을 갖춘 것에 주목한 것이다. 빈에서 경력을 시작한 초기의 로스는 건축 작업보다는 글쓰기에 더 많은 에너지를 쏟아부었다. 그는 디자인과 관련된 다양한 주제에 관해 20여 편의 논평을 발표하며 빈의 지식인 사회에서 핵심 인물이 됐다.

당시의 장식을 부도덕하고 퇴폐적인 것으로 여긴 로스는 〈장식과 범죄〉에서 다음과 같이 주장했다. "어린아이는 도덕을 알지 못한다. 파푸아인은 우리의 눈에 비도덕적이다. 파푸아인은 적을 죽이고 시신을 먹는다. 하지만 그것은 범죄가 아니다. 그러나 현대인이 누군가를 죽이고 먹는다면, 그는 범죄자이거나 퇴폐한 인간이다. 파푸아인은 자신의 피부, 카누, 노 등 모든 것에 문신을 새긴다. 이것은 범죄가 아니다. 하지만 현대인이 문신을 한다면 그는 범죄자이거나 퇴폐한 인간이다. 감옥에 수감된 사람들의 80%가 문신을 가지고 있다. … 감옥에 갇히지 않은 문신한 사람들은 잠재적 범죄자이거나 타락한 귀족이다. 문신을 한 사람이 자유로운 상태에서 죽는다면, 그는 범죄를 저지르기 몇 년 전에 죽은 것일 뿐이다. … 나는 문화의 진화는 장식을 사용 대상에서 배제하는 방향으로 나아간다는 결론을 내렸고, 이를 세상에 제시했다."[42] 장식에 대한 저주 같은 이 주장은 과장된 것으로, 로스가 참조한 이탈리아 범죄학자 롬브로소Cesare Lombroso, 1835~1909의 범죄학 이론에 따르면 범죄자 중 문신을 한 이는 8%에 불과했지만, 로스가 이를 열 배나 부풀렸다. 이같이 로스가 장식에 대한 부정적인 감정을 노골적으로 표출한 것은 그가 모든 형태의 문화적 퇴보를 범죄이자 낭비로 간주했기 때문이다. 그에게 장식은 문화적 퇴보이며, 따라서 낭비이자 범죄로 여겨졌다. 그는 또한 "장식은 … 개인의 건강을 해치고, 국가의 부를 훼손하며, 그 결과로 문화적 발전에도 악영향을 미친다는 점에서 하나의 범죄를 구성한다. … 장식은 더 이상 우리의 문화에서 자연스럽게 발생하는 산물이 아니므로, 결국 퇴행이나 퇴폐의 증상일 뿐이다. … 현대 장식은 그 어떤 전통도 없으며, 계승될 후손도 없으며, 과거도 없고 미래도 없다. … 과거 시대의 창조적 능력의 상징으로 장식을 숭배하는 현대인은, 현대 장식

오토 에크만이 그린, 1896년에 발행된 주간지 《유겐트Jugend》 14호 표지

이 얼마나 괴로움과 노동을 동반한 병적인 것인지를 즉시 인식하게 될 것이다."라고 주장하며 "장식의 부재는 정신적 강인함의 징표다. 현대인은 과거 및 외국 문화의 장식을 자유롭게 활용할 수 있다. 그러나 그의 창조적 역량은 다른 대상에 집중된다."라고 결론을 내렸다.

로스는 독일의 화가이자 그래픽 아티스트인 오토 에크만Otto Eckmann, 1865~1902과 오스트리아의 빈 분리파 건축가 요제프 올브리히와 독일공작연맹의 주요 인물인 앙리 반데벨데의 장식주의를 비판했다. 자신과 활동 터전이 같았던, 요제프 호프만이 속한 빈 분리파와의 갈등은 로스에게도 고통이었다. 빈 분리파와 빈 공예 작업장Wiener Werkstätte의 명성이 가장 높았던 시기에, 개인적 비난도 감수해야 하는 담대함이 요구됐다.

1908년 집필 후 1910년에 강연 주제로 발표됐던 〈장식과 범죄〉는 1912년 헤르바르트 발덴Herwarth Walden이 발행한 표현주의 잡지로 폭풍이라는 뜻인 《데어 슈투름*Der Sturm*》에 실렸다. 이듬해에는 프랑스 예술 비평가 조르주 베송Georges Besson, 1882~1971의 번역으로 《오늘날의 노트*Les Cahiers d'Aujourd'hui*》에 게재됐다. 프랑스어 번역본은 1921년 아메데 오장팡Amédée Ozenfant, 1886~1966과 르코르뷔지에와 벨기에 작가, 시인, 문학 평론가인 폴 데르메Paul Dermée가 협력해 발간한 《레스프리 누보*L'Esprit Nouveau*(새로운 정신이라는 뜻이다)》 2호에 다시 실렸으며, 1923년에는 《살아 있는 건축*L'architecture vivante*》에도 게재됐다. 이러한 기사 덕분에 로스의 명성은 오스트리아 국경 너머로 확산됐다. 르코르뷔지에는 로스가 사망하자 "1908년에 쓴 훌륭한 논평인 〈장식과 범죄〉로 인해 그는 우리의 건축적 고민의 중심에 홀연히 등장했다. … 그는 '영웅적인 순수화Homérique purification'를 만들어냈다."라며 로스를 추모했다.[43]

〈장식과 범죄〉는 당시 새로운 시대에 걸맞은 새로운 이데올로기를 찾고 있던 모더니스트들에게 장식에 대한 단호한 공격으로 받아들여졌다. 영향력 있는 영국의 건축 평론가 레이너 밴험Reyner Banham, 1922~1988은 1957년에 이 논문을 영어로 번역 소개하며 저주 또는 파문으로 해석될

요세프 올브리히 주택의 일부분

르코르뷔지에의 보크레송 주택

수 있는 단어인 anathema를 사용했는데, 이 글에서 표명된 장식 퇴치 이념은 거의 반세기 동안 디자인계에서 모세의 율법에 비견될 만큼 강력했다.[44] 밴험은 이 글의 마지막에서 로스의 의도를 "장식과 범죄는 동등하다"라고 결론지었다.

르코르뷔지에가 고향 라쇼드퐁에 전통식으로 지은 자크메 주택Villa Jacquemet, 1907~1908

경력 초기 스위스 고향에 전통을 따라 장식이 있는 주택을 여러 채 지었던 르코르뷔지에는 그의 1920년대 백색 상자형 주택의 출발점인 보크레송 주택Villa Vaucresson을 1922년에 설계하기 전에 〈장식과 범죄〉의 번역본을 자신의 잡지에 게재했다. 뒤에서

에리히 멘델존의 모자 공장

설명될, 그가 주창한 순수주의Purism 회화에 걸맞은 디자인으로 1920년부터 시작한, 두 개의 나란한 내력벽이라는 최소의 구조와 메자닌 층, 평지붕으로 특징지어지는 '참되고' '순수한' 프리즘인 시트로앙Citrohan 주택 연구의 첫 실현물이었다. 1920년대 초반에 이렇게 전례 없이 단순한 상자형의 백색 건물을 실제로 세운다는 것은 건축가의 상당한 용기와 그 뜻에 동조한 건축주의 열렬한 후원이 없이는 불가능했을 것이다. 이 논평은 또한 독일 표현주의 건축가 에리히 멘델존이 첫 번째 네덜란드 방문과 두 번째 방문 사이, 즉 장식

에리히 멘델존의 슈테른펠트 주택

발터 그로피우스의 조머펠트 주택

발터 그로피우스의 예나 극장

이 들어간 모자 공장Hutfabrik Luckenwald, 1921~1923과 장식이 배제된 슈테른펠트 주택Haus Sternefeld, Berlin, 1923~1924 사이에 읽었을 가능성이 크다. 그뿐만 아니라 또 한 명의 근대 건축 거장인 발터 그로피우스Walter Gropius, 1883~1969가 장식된 조머펠트 주택Sommerfeld House, Berlin, 1920~1921을 설계한 후, 1921년부터 이듬해까지 수행한 장식이 배제된 시립 예나 극장Jena Municipal Theater의 리노베이션 작업을 착수하기 전에 나온 글이기도 하다. 뒤에서 다시 거론되겠지만 고전적인 건축에 머물러 있던 미스 반데어로에가 두 개의 혁신적인 유리 마천루 계획안을 제시한 것도 1921년과 1922년이었다.

장식에 남겨둔 여지

〈장식과 범죄〉의 장식 파괴력이 이렇게 컸음에도 불구하고 여기서 간과하지 않아야 할 것은, 비록 이 글이 1920년대와 그 이후 건축의 무장식에 지대한 영향력을 행사했으나, 정작 필자인 로스는 장식의 유용성을 전적으로 부정하지는 않았다는 점이다. 사실, 로스는 결코 장식은 범죄다Ornament ist ein Verbrechen라고 말한 적이 없지만, 그의 글은 그렇게 받아들여졌다. 〈장식과 범죄〉에서 반복 인용된 것은 장식에 대한 신랄하고 공격적인 표현들뿐이었다. 그러나 그 글에는 다른 시대, 다른 문명의 장식과 그것의 보편적 사용권에 대한 긍정적 평가, 대중의 고된 작업 공정 중 즐거움의 원천으로서의 장식의 수용, 일반 대중과 예술에 헌신하는, 장식의 부재가 정신적 힘의 표시인 지성인 사이의 구별 등에 대해 명확히 언급되어 있지만, 당시에는 주목받지 못했다.

"나의 구두는 톱니 모양과 작은 구멍으로 된 장식으로 완전히 뒤덮여 있다. 보상받지 않고도 만든 제화공의 작품이다. 나는 제화공 집에 가서, "당신은 구두 한 켤레에 30크로넨을 요구하지만 40크로넨을 주겠소"라고 말한다. 그는 기쁨으로 가득 차고, 추가로 지급된 돈과 상관없이 구두와 그것의 재료의 질로 감사함을 표한다. 그는 기쁠 것이다. … 그는 어디서 최고의 가죽을 구할지, 어떤 일꾼에게 시킬 것인지, 우아한 구두에 어떤 장식이 있을지 이미 안다. 내가 갑자기 그에게, "신발은 완전히 매끈해야 합니다"라고 말한다. 기쁨의 절정에서 그는 지옥의 나락으로 내던져진다. 그는 적은 일거리를 가질 것이지만, 나는 그의 즐거움을 빼앗았다. … 나는 카프리아인(남아프리카 희망봉의 한 지방)과 페르시아인, 슬로바키아인 농부, 나의 제화공의 장식을 용납한다. 왜냐하면, 그들은 자신의 존재를 보여줄 다른 방법이 없기 때문이다. 우리(지성인)는 장식을 제거한 예술을 갖고 있다. 일과의 피로 후 베토벤의 음악을 듣는다. 내 제화공은 그럴 수 없다. 나는 그의 기쁨을 빼앗을 권리가 없다. 왜냐하면 나는 그것을 다른 것으로 대체할 수 없기 때문이다." 〈장식과 범죄〉

에 나오는 이 명확한 발언은 무시됐다.

아돌프 로스의 실제 목표는 호프만과 빈 공예 작업장의 표면 장식처럼, 시대에 적합하지 않은 장식의 무분별한 사용을 억제하는 것이었다. 빈 관광청은 〈장식과 범죄〉를 다른 말로 "장식은 범죄"라고 언급했으며, 오스트리아 밖의 독자들 역시 그렇게 받아들였다. 이후 비평가들은 이 오해를 계속 확산시켰고, 로스는 자신의 의도를 바로잡으려 했음에도 불구하고 왜곡된 해석은 널리 퍼졌다. 미국과 일본을 포함해 폭넓게 독자를 확보한 《레스프리 누보》에 불어로 쓰인 장식과 범죄는 Ornement et Crime이고 '오르느망 에 크림'으로 발음된다. 영어 and에 해당하는 et가 공교롭게도 장식은 범죄라는 불어 Ornement est Crime의 est와 발음이 완전히 같다. 영어 is에 해당하는 est도 '에'로 발음하기 때문이다. 불어에서는 마지막 모음 뒤의 자음을 발음하지 않기 때문인데, 당시 문화계에 큰 영향력을 행사했던 불어권 잡지에 번역 게재되어 주목을 받고 사람들의 입에 오르내릴 때 제목부터 혼동을 가져왔음을 짐작할 수 있다.

1924년, 로스는 또 다른 수필 〈장식과 교육*Ornament und Erziehung*〉을 발표하며 다음과 같이 설명했다. "나는 극단적인 순수주의자들처럼 장식을 체계적으로 폐지해야 한다고 생각한 적이 없다. 다만, 시간의 흐름에 따라 사라진 장식은 되살릴 수 없다는 것이 나의 입장이다. 예를 들어, 우리는 다시는 얼굴에 문신을 새기지 않을 것이다."[45] 로스는 "모방된 장식은 피상적이며 부정직하다."라며 자신이 오해받은 부분을 다시금 강조하려 했다. 그는 결코 과거의 형태가 열등하거나 재사용될 수 없다고 주장하지 않았다. 1908년 그는 이미 "과거의 시대들이 창조한 모든

것은, 여전히 유용한 한에서 오늘날에도 복제될 수 있다."라고 적었다.[46]

로스가 〈장식과 범죄〉를 쓴 이듬해인 1909년부터 1911년 사이에 빈에 건립한 로스 하우스Looshaus는 이 논평을 썼을 시기 로스의 진심을 작품으로 보여준다. 이 주상복합건물의 상부인 주거용에서 장식 없이 창문만 뻥 뚫린 입면은 빈 사회에 충격을 던지며 격렬한 논쟁을 불러일으켰다. 아직 이 논평이 널리 공론화되기 전이었고, 미하엘 광장Michaelplatz에 면해 3면이 노출되면서 장식된 주변 건물들과 너무나 달랐

아돌프 로스의 로스 하우스

아돌프 로스가 계획한 로스 하우스의 하단부 주랑 현관의 모티프가 된, 좌측에 위치한 성 미하엘 교회

던 것이다. 반면에 건물의 하부로 광장을 향해 지상층과 중2층mezzanine을 포함한 기단부는 그리스의 에우보이아Euboea 섬에서 가져온 치폴리노Cipollino 대리석으로 마감됐다. 동일한 재질의 네 개의 기둥이 개방형 주랑 현관portico을 형성하고 있는데, 이는 로스 하우스의 좌측에 있는 성 미하엘 교회Pfarre St. Michael의 주랑 현관을 모티프로 삼은 것이다. 장식적 재질과 기단과 주랑 등 고전 건축의 요소들로 광장의 역사적인 건축물들과의 조화를 이루기 위함이었다.

〈장식과 범죄〉에서 당시의 교양인과 범인凡人의 장식에 대한 태도를 구분했던 로스는 〈장식과 교육〉에서는 남자와 여자의 장식에 대한 태도를 구분했다. 그는 더 이상 장식이 필요 없는 현대적이고 지적인 남성의 우월성에 대한 편견을 보이면서도 앞서 본 것처럼 여전히 장식이 필요한 여성이나 제화공에게 관대함을 보이며 장식의 유용성을 인정했다. 로스는 〈장식과 교육〉의 의도가 장식 언어의 과다로 인한 구토 증세에서 떠나는 데 있음을 다음의 짧은 문장에서 보여준다. "장식의 부재가 매력의 부족을 뜻하지는 않는다. 오히려 더 생기 있는 새로운 환희를 전달한다. 삐걱거리지 않는 풍차가 방앗간 주인을 깨운다."[47] 수다스러운 세계에서 침묵으로 말하고 싶은 것이다.

로스는 어린 시절부터 석공이자 조각가였던 아버지의 영향을 받아, 자연 소재의 시각적 가능성에 매료됐었다. 특히 나무, 돌, 가죽에 대한 애정이 깊었으며, 이들 소재의 특정한 장식적 사용도 그에게 자연스러웠다. 로스는 작업 과정에서 수공예 노동자들에게 장식이 기쁨을 줄 수 있다고 인정하면서도, 분업 체제 속에서 설계 도면을 기반으로 기계적으로 창조된 장식은 거부했다. 결국, 로스는 〈장식과 범죄〉에서 단순히 장식 자체를 범죄로 규정한 것이 아니라, 시대에 맞지 않는 장식이 남용되는 현실을 강하게 비판했던 것이다. 그의 논평에 대한 오해는 근대 건축이 간과했다고 지적받은 의미형태론적 측면과 지역 문화와의 연속성 등을 위해 역사와 전통을 참조하면서 장식 재적용을 긍정적으로 모색한 탈脫모더니즘post-modernism 시대에 와서야 풀릴 수 있었다.

2부

장식과 근대 건축

장식과 기능미

기계 미학의 대두

과학적 합리주의와 새로운 건축 미학

건축가의 세계관, 자연관, 종교관 등에 따른 사고방식은 그의 작업에 대한 태도를 결정하며, 작품에 반영된다. 건축 분야에서는 '수단'과 '목적'이라는 두 가지 측면이 존재하며, 무엇에 중점을 더 두느냐에 따라 결과는 달라진다.

산업혁명과 과학기술 발전의 영향을 받아, 이성과 논리를 통해 세계를 이해하고 개선하려는 과학적 합리주의가 생겨났다. 데카르트René Descartes, 1596~1650와 뉴턴Isaac Newton, 1643~1727, 베이컨Francis Bacon, 1561~1626, 갈릴레이Galileo Galilei, 1564~1642 같은 철학자와 과학자들이 자연을 신비나 신의 섭리가 아닌 이성과 실험, 수학적 원리를 통해 설명한 17세기 과학 혁명기에 이러한 태도가 시작되었다. 이후 18세기 후반부터 19세기 초반까지의 산업 혁명기에 과학 지식이 기술과 산업에 응용되기 시작하면서 기술 혁신이 곧 사회개선이라는 인식이 도래했다. 이렇게 과학적 합리주의는 17~18세기 인간의 경험과 이성을 통해 중산층에게 더 나은 사회를 만드는 것을 목표로 한 계몽주의Lumières와 감각 경험과 실증적 검증에 기반을 둔 것만이 확실한 지식이라고 보는 실증주의Positivism의 연장선에서 발전해 그 자체로 하나의 대상이자 현실 문제를 해결하는 효과적인 수단이었다. 계몽주의 시대는 주위 세계에 관한 개인적 탐구와 개인적 해석의 시대여서 고전적 질서는 2차적 특징으로 밀려나고 이상적인 기하학적 형태의 중요성을 재발견했다. 과학의 진보와 철학의 조직적이고 합리적인 체계를 부러워하며 건축이 기댈 수 있는 기하학과 수학과의 연계에 눈을 뜬 것이다.

한 예로 프랑스 합리주의 건축가 르두Claude Nicolas Ledoux, 1736~1806는 의식적으로 입체적 형태의 기하학적 이상주의와 건물의 근대적 사용으로 요구되는 평면계획 간의 갈등을 해소하고자 노력하며, 과도한 장식적 꾸밈이 아닌 기하학적 체계의 위대한 똑바름과 솔직성을 강조했다. 그가 1785년에 계획한, 영원을 상징하는 직경 80미터의 구球 절반이 카타콤으로 지하에 묻혀 있는 공동묘지 계획안은 꼭대기에 있는 원형 개

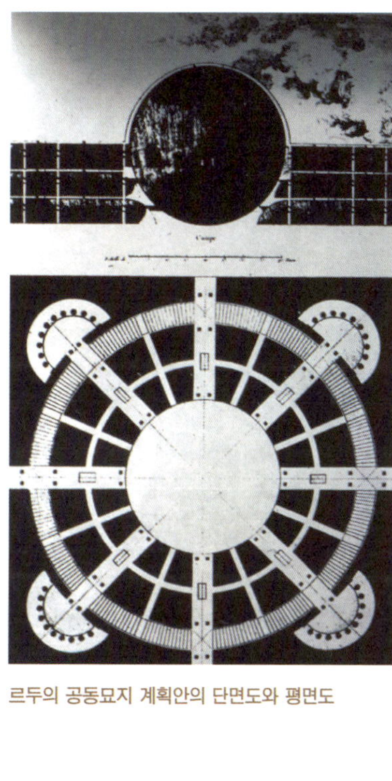
르두의 공동묘지 계획안의 단면도와 평면도

르두의 모페르튀이 성城 산림 경비대 집 계획안

르두의 라빌레트 로톤다

구부로 빛을 유입시켜 죽음의 세계로부터 저편의 하늘로 계속되는 세계의 축이라는 고대 개념을 구현했다. 르두가 1789년에 계획한 모페르튀이 성château de Mauperthuis의 산림 경비대의 집 계획안도 완전한 구다. 이외에도 그는 원형의 배치 계획안 중 절반만 지어진 아르케스낭Arc-et-Senans의 소금 제조공장1775~1779에서의 원과 삼각형, 프랑스혁명 직전에 파리를 오가는 상인들에게 세금을 걷기 위해 만든 관문 중 하나인 라빌레트 로톤다La Rotonda de la Villette, Paris, 1784~1788에서의 원통형과 루 지방 관리인들의 집Maison des directeurs de la Loue, 1804 계획안에서의 수평으로 누운 원통형 등 기하학의 건축 도입에 적극적이었다.

이렇게 바로크와 로코코의 단점인 환상적인 치장의 과도함에 맞서 18세기에 이성과 합리를 중시한 프랑스 합리주의 철학의 영향과 과학의 성장으로 인해 프랑스에서 시작된 합리주의 건축은 건축이 장식적인 것 혹은 장식된 구조물이라는 의미로 정의했다. 여전히 장식은 당연히 있지만, 건축 형태는 합리적 정당화를 필요로 할 뿐만 아니라 과학으로부터 그 자체적인 법칙을 이끌어냈을 경우에만 비로소 정당화될 수 있다는 신념으로 과학적 합리주의의 기틀을 마련했다. 근대 합리주의 건축의 주요 인물인 뒤랑Jean-Nicolas-Louis Durand, 1760~1834은 이후 반세기 동안 유럽의 참고서로 쓰인 저서 《에콜 폴리테크니크에서 강의한 건축 수업 개설서*Précis des leçons d'architecture données à l'École polytechnique*, 1802~1805》에서 건축가들은 오로지 건축의 기능에만 관심을 기울여야 한다는 획기적인 주장을 했다. 건축에서 처음으로 미美라는 판정 기준에서의 우선권을 포기하고, 논리적인 구조 원리의 설정으로 특별한 구성적 체계를 확립해 미적 문제를 해결하자는 것이다.

뒤랑에게 아름다움은 효용성과 같았는데, 이 관념은 건물이 단순성과 규칙성에 순응해야 한다는 전제를 깔고 있었다. 당시 여전했던 대칭은 더 이상 미적 조건이 아니라 기능적 논리와 구조적 단순성의 문제였다. 그는 명확하게 정의된 건축 요소들(벽, 기둥, 볼트, 벽기둥 등)을 표준화해 가장 합리적이고 경제적인 해결책을 모색했다. 아울러 모듈러 시스템

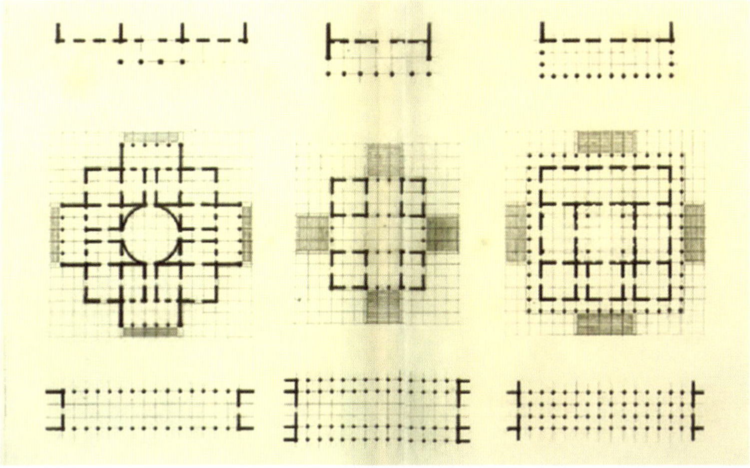

뒤랑의 《에콜 폴리테크니크에서 강의한 건축 수업 개설서》에 나오는 기둥, 벽기둥, 벽, 문, 교차점의 수평 구성

뒤랑의 최고 존재를 위한 신전Un temple à l'Être Suprême 계획안, 1793~1794

modular system으로 이렇게 명확하게 정의된 건축 요소들과 기하학적 형태의 격자 조합들의 가능한 조합을 통해 개성에 대한 모든 열망을 만족시킬 수 있다고 봤다. 표준화와 합리화가 표현의 독창성을 방해하지 않는다는 그의 가르침은 새로운 표현 방식을 찾고 있던 후대 건축가들에게 큰 격려가 됐을 것이다.

궁극적으로 과학적 합리주의는 건축가에게 미적 감각의 변화를 가져오며, "세계를 지배하는 물리적·과학적 원리를 시각적으로 인식할 때 아름다움을 발견할 수 있다."[48]는 개념을 제시했다. 프랑스혁명 100주년을 기념해 1889년에 개최된 파리 만국박람회의 입구로 쓰기 위한 타워 계획안 공모전에서 귀스타브 에펠Gustave Eiffel, 1832~1923의 계획안이 유사한 형상을 지녔던 다른 출품작들보다 빼어났던 이유가 높이 300미터에 달하는 거대 연철 구조물의 7,000톤 무게가 지면으로 전달되는 흐름을 구조역학적으로 가장 잘 풀어낸 덕분이었던 것과 같은 이치다. 다른 제안들보다 힘의 흐름을 더 정확히 가시화함으로써 자연의 미를 제대로 표출한 것이다. 이런 결과물은 사용하는 방법론, 구체적인 재료 및 기술의 과학적이고 합리적인 활용을 전제로 해야 가능한 일이었다. 건축가들의 미적 감각에 근본적인 변화가 일어난 데는 이렇게 19세기 말 이후로 "경제의 법칙에 고무되고 수학적 계산의 통제를 받으면서 조화를 성취하는" 엔지니어들[49]로부터 받은 영향이 컸다. 뒤에서 살펴볼 바우하우스의 사상, 즉 재료의 특성, 구조적 법칙, 기능을 충실히 표현할 때 좋은 건축이 된다는 개념이 형성되기 시작한 것이다.[50]

이러한 사고방식 속에서 기계 미학mechanical aesthetics이 탄생했다. 르코르뷔지에가 저서 《건축을 향하여*Vers une Architecture*, 1923》의 〈보지 못하는 눈Les yeux qui ne voient pas〉 장에서 확인시켜준 것처럼,[51] 기계(선박, 자동차, 비행기 등)는 이러한 이론에 가장 충실한 존재로 인정받았다. 르코르뷔지에는 양쪽 날개가 세 개씩인 카프로니Caproni 삼엽 수상비행기의 조종간 사진 두 장을 제시하며 "조형적 유기체가 어떻게 잘 제기된 문제에 대응하며 창조하는지를 보여준다", "시詩는 언어나 씌어진 단어에만 존재하는 것이 아니다. 사실事實의 시는 더욱 강렬하다. 무엇인가를 상징하고 재능에 의해

응모작 중 가장 뛰어난 구조역학 해석물인 에펠탑

준비된 대상은 시적인 사실을 창조한다."라고 말했다.[52] 작동원리에 따라 논리적으로 배치된 기하학적 요소들의 집합에서 시정詩情을 느낀 것이다. 모더니스트 건축가들에게 과학적 합리주의는 단순한 수단을 넘어 미적 감각을 지배하는 원리로 자리 잡았다. 산업혁명과 기계 기술 발전에 영향을 받아 등장한 기계 미학은 기계의 형태와 기능에서 미적 가치를 찾는 디자인 및 건축 개념으로 자리 잡았다. 뒤랑의 조언처럼 기능성이 아름다움이라는 생각으로 장식 없이 구조와 기능이 드러나는 디자인, 기계를 닮은 직선 및 기하학적 형태를 우선해 20세기 초 모더니즘 건축, 산업 디자인, 그래픽 디자인 등에 영향을 주었다.

기계에 대한 근대주의자들의 인식

기계의 출현으로 인해 19세기에 건축 및 예술 전반의 미적 개념에 큰 변화가 나타났다. 근대 건축의 전위적 사상가들은 기계의 단순하고 기능적인 아름다움에 감명을 받았다. 기계 미학에 대한 찬사는 19세기 전반에 걸쳐 전 세계에서 찾아볼 수 있다. 영국 건축 교육의 선구자이자 영국 왕립 건축가 협회의 공동 설립자이며 의장이었던 도널드슨T. L. Donaldson, 1795~1885은 1835년에 "완벽한 기계 가운데 동시에 아름답지 않은 것은 존재하지 않는다."라고 주장했다. 또한, 헨리 콜의 동료로 예술가이자 디자이너였던 레드그레이브는 앞서도 거론됐던, 1851년 만국박람회에 대한 보고서에서 "기능이 중요한 대상일수록 장식이 배제되며, 이는 새로운 단순미를 창출한다."라고 기록했다. 이러한 사고방식은 아일랜드 시인 오스카 와일드Oscar Wilde, 1854~1900가 1881년의 한 강연에서 주장한, "모든 기계는 전혀 장식이 되어 있지 않아도 아름답다. 기계를 장식하려고 애쓰지 마라. 우리는 모든 훌륭한 기계류가 우아하며, 또한 힘의 선과 미의 선이 동일하다고 생각하지 않을 수 없다."[53]라는 발언과도 맥을 같이 한다.

기계가 지닌 특성과 건축 및 디자인에서 장식과의 관계는 모든 근대주의자가 공유한 주요 관심사였다. 1894년, 앙리 반데벨데는 중세 고딕의 흔적에서 벗어나지 못한 윌리엄 모리스의 예술과 대조되는 새로운 기계 미학을 주장하며, "금속 팔이 강력하게 움직이는 기계의 역동성이 아름다움을 창출한다."라고 강조했다.[54] 그는 엔지니어가 건축가보다 우월하다고 평가하며, 영국의 신식 가구들이 장식을 철저히 배제한 점을 높이 평가했다.[55]

빈 분리파를 이끈 건축가 오토 바그너Otto Wagner, 1841~1918는 저서 《근대건축*Moderne Architektur*》에서 "현대 예술은 우리 시대와 삶의 방식을 대

빈에 신고전주의의 단정한 형태 감각을 유지하면서 매끈한 표면과 평면적 장식, 철을 활용한 분리파 양식이 적용된 오토 바그너의 카를스플라츠Karlsplatz 지하철 역사, 1894~1897

표하는 새로운 형태를 제공해야 한다"라고 주장했다.[56] 또한 "기능적이지 않은 것은 결코 아름다울 수 없다"[57]고 말하며, 철재를 강력하게 옹호하고, 미래 스타일의 핵심 요소로서 "수평적 형태, 매끈한 표면, 극단적인 단순미, 건축 기술과 재료의 결정적 중요성"을 제시했다.[58]

1901년 시카고의 빈곤층 공동체에 교육, 보육, 법률 지원 등의 사회 서비스를 제공하던 단체인 헐 하우스Hull House에서 열린 세미나에서 기계, 교육, 건축, 그리고 민주주의 간의 관계에 대해 프랭크 로이드 라이트가 연설한 〈기계의 예술과 공예The Art and Craft of the Machine〉는 기계시대에 대한 찬사를 담고 있는데, 그는 기계가 전통 예술을 압도할 것이라고 확신했다.[59] 여기서 라이트는 기계를 "민주주의의 위대한 선구자"라고 칭하며, 기계가 인간의 노동을 줄이고 삶을 확장해 "우리가 주장하는 민주주의의 토대를 확장할 수 있다."라고 봤다. 건축의 관점에서 볼 때, 기계는 폐기물을 줄이고 비용을 낮추어 "부유한 사람들뿐만 아니라 가난한 사람들도 깨끗하고 강인한 형태의 아름다운 표면 처리를 누릴 수 있도록" 만든다는 것이다.

20세기 초의 미래주의자들Futurists에게 기계는 새로운 건축을 위한 필수 조건이었으며, 장식은 더 이상 적절한 것이 아니었다. 1914년, 이탈리아의 젊은 건축가 산텔리아Antonio Sant'Elia, 1888~1916와 시인 마리네티Filippo Tommaso Marinetti, 1876~1944는 〈미래주의 건축 선언Manifesto of Futurist Architecture〉의 첫 문단에서 "18세기 이후로 건축은 존재하지 않았다. 근대 건축이라고 불리는 것은 근대 건축의 골조를 둘러싼 여러 가지 양식의 요소로 이루어진 우둔한 혼합물에 불과하다. 콘크리트와 철의 새로운 미는 사육제와 같은 땟물의 장식으로 덧붙여져 모독되고 있다. 이들

산텔리아의 '새로운 도시La Città Nuova' 투시도, 1914. "엘리베이터는 계단실에 벌레처럼 숨어 있지 말고, 철과 유리의 뱀처럼 파사드를 따라 기어올라야 한다. 콘크리트, 강철, 유리로 만들어진 건물은 그림이나 조각으로 장식되지 않고, 선과 덩어리의 고유한 아름다움만으로 풍요로워야 한다."

장식은 구조상의 필연성을 가지고 있는 것도 아니며, 또 취향에 의한 것도 아니다. 그들의 뿌리는 고대 이집트나 인도나 비잔틴에 있거나 신고전주의라고 불리는 어리석음과 무능이 놀라울 정도로 폭발하는 속에 있는 것이다."라며 장식을 맹공격했다.[60] 그들이 보기에 젊은 이탈리아 건축가들이 도시의 신흥 지구들에 고딕 양식의 작은 오지발뾰족한 기둥, 17세기 잎무늬 장식, 고딕 아치, 이집트식 필라스터, 로코코식 소용돌이 장식, 15세기 천사상, 과장된 여인상 기둥caryatide 등을 마구 뒤섞어 배치하는 짓은 건축적 매춘행위와 다르지 않았다. 모든 기계 장비로 움직임을 저장하고 생산하는 때에 수 세기 전 사람들을 위해 만들어진 집과 거리에서 어떻게 사는 것이 맞느냐는 의문을 제기했다. 미래주의 건축은 과학기술과 구조기술의 모든 자원을 활용한 건전한 계획에 따라 새로운 건물을 짓고자 했다. 계산의 건축인 미래주의 건축은 과감함과 단순성의 건축이고 미래주의 주택은 거대한 기계와 같아야 한다고 주장하며, 건축에 장식을 덧붙이는 어리석은 일을 그치고 미래주의 건축의 장식성은 거칠고 장식되지 않았거나 폭력적인 색채의 재료를 독창적으로 배치함으로써 실현된다고 믿었다.

르코르뷔지에는 자신이 편집자였던 《레스프리 누보》와 20세기의 가장 중요한 건축서인 《건축을 향하여》를 통해 기계 미학을 널리 전파했다. 그는 《건축을 향하여》의 〈엔지니어의 미학, 건축L'Esthétique de l'ingénieur, architecture〉 장에서 7개의 사일로silo 사진과 함께 당대의 가장 발전된 공학적 구조로 에펠이 철로용 아치 다리로 설계한 가라비교Viaduct de Garabit, 1882~1884와 자코모 마테 트루코Giacomo Matté-Trucco, 1869~1934가 설계한 피아트 자동차 공장Turin, 1915~1921 등을 예로 들어 설명했다. 또한, 산업 디자인 측면에서는 앞서 언급된 것처럼

산텔리아의 '새로운 도시' 투시도, 1914

에펠이 철로용 아치 다리로 설계한 가라비교

선박, 자동차, 항공기를 조명하며, 이를 〈보이지 않는 눈〉이라는 별도의 장에서 다뤘다. 앙리 반데벨데가 그랬던 것처럼, 기하학으로 우리의 눈을, 수학으로 우리를 만족시키면서 기하학적 형태를 이용해 시대에 적합한 모든 도구를 만드는 엔지니어가 위선과 겉치레와 아첨을 가르치는 학교에서 배우고 독이 든 우유를 시내에 팔러 나가는 건축가보다 우월하다고 본 것은 물론이다.

르코르뷔지에는 고전의 원형과 근대화의 산물인 기계를 연계시켜 "고대 그리스 신전의 완벽성과 조화는 과학 시대의 기계적 감각과 조화를 이룰 수 있다."라고 주장했다. 파르테논 신전을 대규모 기계에 비유하며, 표준화된 설계가 이를 더욱 친숙하게 만든다고 본 것이다. 그는 "이 모든 조형적 기계장치는 대리석으로 제작됐으며, 이는 우리가 기계 제작에서 배운 엄격함과 동일한 방식으로 구현됐다. 마치 세공된 강철처럼 보인다."라고 말했다. 총체적 관점으로 기계에 접근한, 르코르뷔지에의 기계를 보는 혜안과 기계에 대한 객관적 자세는 뒤에서 다시 거론할 것이다.

자코모 마테 트루코가 설계한 피아트 자동차 공장 내부. 자동차가 이 경사로를 통해 옥상에 있는 시험 주행로로 올라간다.

모더니스트들에게 기계 미학은 과학 정신의 상징이자 기술 발전의 원동력이었다. 그들은 기계 미학을 단순한 스타일이 아닌, 세계를 변화시킬 수 있는 과학과 기술의 독보적 능력에 대한 신념으로 보았다.

독일공작연맹과 산업 미학의 혁신적 원칙들

지금은 기계 미학과 깊은 연관성을 지닌, 역시 모더니스트들이 주목한 산업 미학industrial aesthetics에 대해 알아보자. 기계 미학과 산업 미학은 모두 근대 이후 기술과 산업의 발달 속에서 등장한 미학 개념으로, 기능성과 기술적 요소를 미적 가치로 승화시키려는 경향을 공유했다. 둘 다 기술을 기반으로 기능을 중시한 것이다. 다른 점으로는 기계 미학은 기계의 구조적 아름다움과 기능성 자체에 집중했고, 산업 미학은 그것을 어떻게 사용자 친화적이고 시장성 있게 다듬을 것인지에 초점을 맞추고 있었다는 것이다. 기계 미학이 순수예술 및 건축 이론에서 출발한 데 힘입어 산업 미학은 제품 디자인과 대량생산 시스템에서 출발할 수 있었다. 기계 미학은 기계의 형태와 구조 자체를 미적으로 해석하는 데 초점을 맞췄고 산업 미학은 제품의 사용자 경험과 시장성을 고려한 디자인에 집중했다. 소비재, 가전제품, 자동차 등 구체적 산업 제품 설계에 매진해 소비자 중심의 실용성과 심미성을 조화시키고자 한 것이다. 기계 미학과 산업 미학이 산업화 이후 미학의 실천적 전개라는 공통된 맥락 속에 있지만, 접근 방식과 적용 분야에서 차이를 보였다.

예술과 산업, 수공예의 협력

1851년 런던 국제박람회 이후, 모든 국가는 산업 경쟁이 점점 치열해질 미래를 걱정하기 시작했다.[61] 1870년에야 뒤늦게 통일된 독일도 같은 고민을 안고 있었다. 1876년 필라델피아에서 열린 미국 건국 100주년 박람회에서 독일의 산업 및 장식예술 제품은 영국은 물론이고 신생국인 미국 제품보다도 품질이 떨어지고 "싸구려이며 나쁘다"[62]는 악평을 들었다.

그러나 통일 후 20년간 독일제국 총리로 재임하면서 군비를 확장하고 병력을 늘려 무력으로 철혈정치를 한 냉철한 현실주의자인 비스마르크Otto von Bismarck, 1815~1898의 안정적인 통치 덕분에 독일 산업은 발전하고 확장됐다. 이 발전의 결정적인 사례 중 하나는 1883년 에밀 라테나우Emil Rathenau, 1838~1915가 베를린에 설립한 AEGAllgemeine Elektrizitäts Gesellschaft, ㈜일반전기회사였다. 이 회사는 빠르게 성장해 7년 만에 세계적인 카르텔로 발전했고, 광범위한 제품군과 많은 이윤을 창출했다.

1890년 비스마르크의 실각 후 독일의 문화적 풍토는 큰 변화를 맞는데, 평론가들은 수공업과 공업 분야에서 진보된 디자인이 미래의 번영을 위해 꼭 필요하다고 봤다. 다른 유럽 제국들과 비교해 식민지가 적었던 독일은 값싼 재료원이나 쉽게 상품을 팔 수 있는 기존 시장이 상대적으로 적어 현저하게 품질이 좋은 상품으로 세계 시장에서 경쟁해야 한다는 고품질 정책을 내세웠다. 윌리엄 모리스의 기계 반대에 동의하지 않고 이와 같은 고품질이 예술적으로 교양 있는 사람이나 기계 생산을

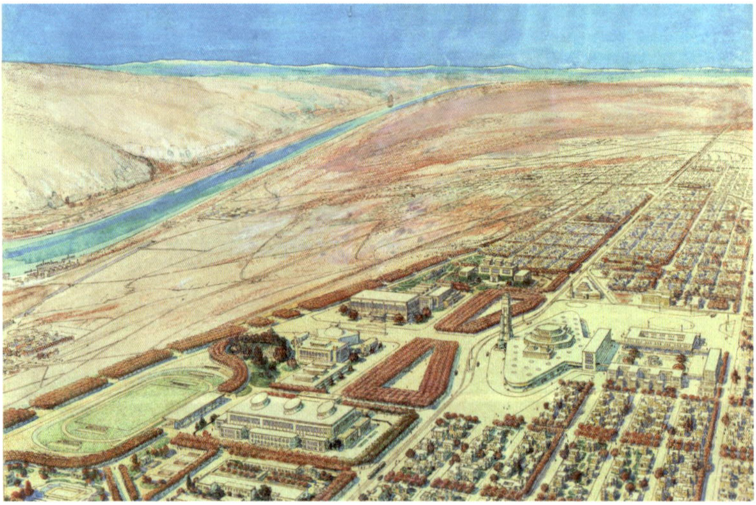

토니 가르니에의 '산업도시' 계획안 도심부 조감도. Musée des Beaux Arts de Lyon 소장

지향하는 사람에 의해 성취될 수 있음을 주장했다.

1907년은 건축역사에서 중요한 해였다. 그 해에 그래픽 산업 디자이너이자 건축가인 페터 베렌스Peter Behrens, 1868~1940가 AEG에 합류했고, 헤르만 무테지우스Hermann Muthesius, 1861~1927가 독일공작연맹을 창립했다. 뒤에서 다시 언급되겠지만 르코르뷔지에가 당시 '산업도시Une Cité Industrielle'를 주창하며 작업해나가던 토니 가르니에Tony Garnier, 1869~1948를 만나 큰 깨우침을 얻은 해이기도 하다.

무테지우스는 1896년부터 1904년까지 런던 주재 독일 대사관에서 기술 참사관으로 근무하면서 영국 건축과 공예 및 산업 디자인의 발전을 연구했는데, 영국의 실용주의에 감명받아 예술수공예운동의 열렬한 지지자가 됐다. 독일공작연맹 창립 4년 전인 1903년에 그는 "미래의 구원과 희망은 순수예술을 뛰어넘어 공예 예술을 개념화하는 데 있으며, 적절한 수공예 제품을 창조하는 데 있다."[63]라고 주장했다.

1904년, 무테지우스는 19세기 후반 영국의 건축 예술에 대한 기록을 제공하는, 세 권으로 구성된 《영국의 집*Das Englische Haus*》을 출간하며 이상적인 지역 수공예 문화를 전파했다. 그에게 영국 예술수공예운동의 건축과 가구 디자인이 중요한 이유는 기술적 지식과 경제성이 좋은 디자인의 기초를 이룬다는 점이었다.[64] 좋은 디자인의 기반이 기능과 절약의 과시에 있는 것을 파악하고, 투철한 직업의식과 좋은 개념을 바탕으로 한 경제성을 중시했다.

1906년, 드레스덴에서 열린 독일 제3회 공예 전시회의 노동위원으로서 무테지우스는 목회자 출신으로 바이마르 국민의회 의원인 나우만Friedrich Naumann, 1860~1919과 목수이자 가구 제조업자, 사회 개혁가인 슈미트Karl Schmidt, 1873~1948와 함께 독일 장식미술동맹Alliance for German Decorative Arts 소속 보호주의자들을 강하게 비판하고, 대량생산 도입을 적극 지지했다. 이듬해인 1907년, 이 세 사람은 빌헬름 시대 독일의 예술 수도였던 뮌헨에서 예술가, 건축가, 기업가 및 전문가가 함께하는 경제 및 문화 협회인 독일공작연맹을 창립했다.

이 연맹의 목표는 "예술, 산업, 수공예 간의 협력을 통해 산업 노동을 고귀하게 하고, 교육, 홍보, 명확한 입장표명을 통해 관련 문제들에 대응하는 것"이었다.[65] 공예교육과 전파를 통해 예술과 산업, 수공예를 협동시켜 공업 제품을 고상하게 하려는 독일공작연맹의 시도로서 오늘날 독일 산업의 근간이 이때 마련됐다. 그로 인해 독일의 산업과 예술가들 사이에 더욱 밀접한 관계가 형성됐다.

독일공작연맹의 모든 회원은 한 가지 공통된 인식, 즉 "산업사회에서 모든 품질이 직접적인 위협을 받는다."[66]는 우려를 공유했다. 처음에는 12명의 예술가와 12개의 회사가 모여 시작됐던 독일공작연맹이 수만 명의 개성이 강하면서도 서로 다른 견해를 가진 회원들이 모인 거대 단체로 성장할 수 있었던 이유였다. 독일공작연맹도 곧이어 볼 바우하우스처럼 나치의 탄압으로 1934년에 해체됐으나 제2차 세계대전이 끝난 후인 1947년에 재결성되어 독일의 수준 높은 산업 디자인을 이끌었고, 2008년에는 창립 100주년 기념식을 치렀다. 이 연맹의 취지는 폭넓은 공감을 얻어 1912년 오스트리아, 1913년 스위스, 1920년 체코슬로바키아, 1931년 헝가리, 1941년 중국에 공작연맹이 설립됐다. 여러 나라에 공작연맹이 생겼다는 것은 장식에 대한 독일공작연맹의 태도도 그 나라들에 알려졌다는 것을 말한다.

무장식과 '장식 없는 장식'

1911년 독일공작연맹 회의 중 〈우리는 어디에 서 있는가?Wo Stehen Wir?〉라는 제목의 기조연설에서 무테지우스는 표준화의 미덕과 기하학적 형태의 디자인이 산업 제품의 미학적 기반이 될 수 있다는 개념을 제시했다. 그는 이 생각을 미스 반데어로에, 그로피우스, 브루노 타우트Bruno Taut, 1880~1938 같은 젊은 건축가들 앞에서 발표했다. 그리고 당시 독일에 머물며 독일공작연맹을 연구하던, 스위스에서 온 샤를 에두아르 잔느레Charles Edouard Jeanneret(필명인 르코르뷔지에의 본명)에게도 깊은 감명을 주었다.[67]

1914년 독일공작연맹 전시회에서도 무테지우스는 대량생산에 적합한 표준적인 디자인 개발을 강조하며, 기하학적이고 단순한 디자인만이 저렴하게 대량생산될 수 있다고 주장했다. 이 사고방식은 1920년대 후반까지 산업 디자인 전반에 걸쳐 보편적으로 자리 잡았다. 그는 상품을 손쉽게 해외 시장에 판매하기 위해서는 높은 수준의 상품이 국가적으로 필요하고, 대량생산에 의한 수출의 전제조건인 효율적인 대규모 회사의 취향은 완벽해야 한다고 주장했는데,[68] 이를 위해서 장식의 제거는 필연이었다. 그의 아이디어는 표준화, 공장 생산 및 추상적인 형태를 산업 디자인에 도입하게 했으며, 독일공작연맹의 주요 흐름으로서 무장식 제품의 우수성을 알리는 데 일조했다.

그러나 이 주장은 벨기에 출신의 건축가 앙리 반데벨데에 의해 즉각 반박됐다. 앙리 반데벨데는 본질적으로 불타오르는 이상주의자이자 자유롭고 자발적인 창조자인 예술가의 권리를 옹호하며 대량생산을 위한 '수출용 예술' 개념을 거부했다. 어떤 규준의 설정이나 규격화에 대한 모든 제안에 항의하고 나선 것이다.[69] 1899년에 독일에 정착해 1906년 바

다름슈타트에 있는 페터 베렌스의 자택

이마르 응용예술학교의 교장인 된 앙리 반데벨데는 윌리엄 모리스의 정치적 사고에 깊은 영향을 받은 사회주의자였다. 그는 유겐트슈틸 양식으로 작업하면서 '예술을 위한 예술'이라는 개념을 거부하고, 기계와의 화해가 필요하다고 믿었다.[70]

"지난 20년간 우리들의 대다수가 우리들의 시대에 전적으로 맞는 형태와 장식을 추구해왔다."[71]라는 앙리 반데벨데의 주장은 무테지우스의 장식을 없애고자 한 생각과 함께 독일공작연맹의 장식에 대한 양면적 태도를 드러냈다. 앙리 반데벨데는 전통적인 장식을 배제하고, 건축적 과제의 본질에 부합하는 '추상적'이고 '유기적'인 장식의 법칙을 수립하는 새로운 스타일을 정립하는 데 손수 나섰다. 이런 '건축적 장식ornements architectoniques'의 창조는 건축의 목적과 건설 수단에 맞춰져야 했다. 장식의 '정신적 내용'이 우선시돼야 했다. 비올레르뒤크와 마찬가지로 앙리 반데벨데는 응용미술에서 '구성 원리principle of construction'로의 회귀를 주장하며, '새로운 조화와 새로운 미적 명료성에 대한 향수'를 표방했다.[72]

산업과의 관계 속에서 전개된 독일공작연맹의 발전은 페터 베렌스의 경력과 분리할 수 없다. 베렌스는 1907년 AEG의 건축가이자 디자이너로 임명되면서, 그래픽 디자인에서 제품 디자인, 공장 건축에 이르기까지 일관된 스타일을 발전시키게 됐다. 베렌스는 화가로 경력을 시작했으며, '도덕적 개혁'을 거쳐 응용미술로 전향한 후, 건축가로서 건축을 배우기 시작했다. 그가 처음 접한 응용미술은 아르누보였으나 이후 그는 생명력을 잃은 이 양식에서 벗어났다. 그의 첫 번째 건축물인 다름슈타트Darmstadt의 자택1901~1903은 지붕선을 제외하고 아르누보의 부드러운 곡선이 경직된 모습을 보였다.

1909년 AEG를 위해 베렌스가 설계한 터빈 홀Turbine Hall은 건축을 객관적이고 보편적인 원리에 따라 설계하고 구축하려는 개념으로서, 주관적인 감각이나 개별적인 장식보다는 기능, 구조, 재료, 기술 등의 보편적 요소에 중점을 두는 객관적 건축objective architecture의 효시로 여겨진다.

페터 베렌스의 AEG 터빈 공장

페터 베렌스가 디자인한 주전자

그는 유리, 강철, 콘크리트를 결합해, 당시 산업 건축물에 여전히 남아 있던 장식을 제거하고 파사드의 명확성과 단순성을 강조했다. 필요에서 출발해 '가장 단순한 수단'으로 '새로운 생명력 있는 형태'를 창조하고자 했다. 베렌스가 〈기념비적인 예술이란 무엇인가Was ist monumentale Kunst, 1909〉에서 강조했듯이, 이 형태는 단순한 '기하학적 구성'에서 보이는 것과 같은 외형적 법칙이 아니라, '숨겨진' 조화의 법칙에 기반하고 있었다. 기념비적 스타일은 비례와 법칙을 탐구하는 과정에서 건축적 관계를 통해 표현됐으며, 모든 장식 요소를 제거함으로써 성취됐다.[73]

그는 1910년에 제작된 주전자 같은 일상적인 소형 물품의 디자인 개

페터 베렌스가 디자인한 유리 제품들, Neues Museum Weimar 소장

선뿐만 아니라 1907~8년에 제작된 가로등과 같은 대형 오브제에도 주의를 기울이고 사고를 집중했다. 이러한 대상들은 이전까지는 예술 작업으로 간주되지 않았으나, 베렌스의 작품들은 그의 건축물이 보여주는 것과 동일한 형태의 순수성, 단순성을 유지하면서도 디자인을 기하학적 형태로 제한하고, 비례의 아름다움을 담았다.

독일공작연맹의 무장식적 태도는 베렌스가 베를린에 설계한 공장들 이외에도 건축가 하인츠 슈토프레겐Heinz Stoffregen, 1879~1929의 델멘호르스트 시청사Rathaus Delmenhorst, 1908~1914와 건축가이자 화가인 한스 푈치히의 화학 공장Chemische Fabrik, Luban, 1911~1922에서도 건축적으로 표현됐는데, '기본적인 구조적 요소tectonique élémentaire'만을 사용해 지어진 새로운 미학의 건축이 등장했다. 그로피우스는 이를 '고전적'이라 평가하며, '정확한 형태, 우연적 요소의 배제, 명확한 대비, 구성 요소의 질서, 유사

하인츠 슈토프레겐 델멘호르스트 시청사

한스 푈치히의 화학 공장

한 부분들의 정렬, 형태와 색상의 통일'이 특징이라고 강조했다.

1906년 약관 23세의 그로피우스는 AEG의 설립자 에밀 라테나우에게 규격화된 주거단위의 성공적 부품화, 조립 및 분배를 위한 기본적인 전제조건을 명료하게 제시한 주택 합리화 계획의 각서를 제출했다. 독일공작연맹의 정신에 충실한 태도 속에서, 1911년 발간된 한 기사에서 그로피우스는 기술적 측면과 '정신적 개념, 형태'의 상호작용을 주장하며, 산업 생산물에 수공예 제품의 고귀한 가치를 부여해야 한다고 강조했다. 그는 새로운 산업 건축 미학의 등장을 찬미하며, 이러한 미학이 생산성 향상뿐만 아니라 작업 환경 개선(명확한 내부 배치, 적절한 비례를 갖춘 공간들)에도 기여할 것이라고 봤다. 이러한 이상은 장식의 완전한 제거를 동반했다.

그로피우스가 설계한 파거스 공장Fagus factory, Alfeld, 1910~1911은 방대한 유리 패널 벽과 세련된 하중 지지 구조의 혁신적인 사용으로 주목받았다. 20세기 현대 기능주의 건축의 여러 중요한 요소 중 하나인 커튼월curtain wall의 개념을 확립했는데, 여기서는 수직적인 유리 패널이 벽돌 표면보다 더 돌출되어 있어 지붕에서 아슬아슬하게 매달려 있는 것처럼 보인다. 이 유리 표면의 깎아지른 듯한 평면성은 벽돌로 마감된 골조가 고전주의적 배흘림을 지니도록 처리됨으로써 더욱 두드러졌다. 귀퉁이나 돌림띠를 강조하는 구성은 뒤에서 다시 거론될, 1924년 그가 데사우Dessau에 신축한 바우하우스 교사에도 나타났다. 그가 1914년 쾰른공작연맹전 때 세운 표본 공장건축Musterfabrik도 당시 기존의 건축 및 장식적 가치와의 주요한 단절을 보여주며, 기능주의적 산업 미학을 향한 단호한 움직임을 나타냈다.

독일공작연맹이 창립되고 11년이 지난 1918년에 유럽 곳곳을 폐허로

파거스 공장 본관, 발터 그로피우스

1914년 쾰른공작연맹전의 표본 공장건축, 발터 그로피우스

만든 제1차 세계대전이 끝나면서 가장 시급한 과제로 대두된 '인간을 위한 주거 공간 창출'은 독일공작연맹을 기능주의 건축을 위한 투쟁 운동으로 변모시켰다. 산업 제품의 특성에 부합하는 형태, 즉 '장식이 없는 형태'를 위한 운동이었다. 비좁은 주거 공간 또는 집이 없는 상태였던 종전 직후에는 다른 선택지가 없었다. 비위생적이고 비인간적인 빈민가를 짓지 않으려면 기존의 건축과 생활 방식을 벗어나 새로운 길을 개척해야 했다. 건설 비용을 절감하기 위해서는 적절한 방법과 기술(규격화, 요소 표준화, 조립 방식의 합리화)을 도입하는 것이 필수적이었다. 여기에 아돌프 로스가 남겨놨던 장식이 들어설 여지는 없었다.

주택 문제는 1927년 독일공작연맹에 의해 자율적으로 추진된 프로젝트에서 다시 제기됐다. 슈투트가르트에 들어선 바이센호프 주거단지 Siedlung Weissenhof가 그것이다. 이 프로젝트는 독일공작연맹의 부회장이자 건축 감독이었던 미스 반데어로에에게 맡겨졌다. 유럽 5개국에서 온 17명의 건축가는 건축 과정의 합리화를 통해 비용과 가사 노동을 줄이는 방법을 보여줬으며, 현대적인 재료와 기술적 설비를 활용했다. 바이센호프 주거단지와 연계된 전시회 Habiter거주는 현대 기술-합리주의적 세계가 어떻게 가장 사적인 생활 공간인 주택의 일부가 될 수 있는지를 보여주고자 했다. 만약 이러한 통합이 이뤄지지 않았다면, 기술적 기기들은 본래의 기술적 성격을 상실했을 것이며, 1924년 독일공작연맹이 조직한 전시회에서 사용된 명칭인 '장식 없는 형태Form without Ornament', 즉 산업적 형태에 적합한 건축 형태 또한 그 미적 가치를 포기해야 했을 것이다.

바이센호프의 주택들은 '해방된 주거habitat libéré'를 위한 선전장 역할을 했다. 이는 주택이 사치품이나 사회적 지위를 나타내는 대상이 아니라 인간이 획득한 하나의 권리이며, 그것이 완벽할수록 더욱 인간적인 것이 된다는 점을 강조하려는 목적이었다. 다시 말해, 주택은 실용적인 필요뿐만 아니라 심미적-심리적 요구에도 부합하는 실용적 오브제여야 한다는 것이다. 그들의 가구는 예술을 거부한 것이 아니라, 산업으로 하여금 매력적인 외형의 가구와 제품을 생산하도록 유도했던 '장식예술'을 거부한 것이었다. 이런 측면에서 독일공작연맹은 1925년에 철근콘크리

바이센호프 주거단지의 항공 사진

바이센호프 주거단지 내의 한 세대 및 두 세대 주택, 르코르뷔지에

트 구조의 개척자인 오귀스트 페레Auguste Perret, 1874~1954가 1903년에 무테지우스가 주장한 것처럼 "누가 예술과 장식을 연계시키는 생각을 했는지 알고 싶다. 그것은 오염이다. 진정한 예술은 장식을 필요로 하지 않는다."라고 말한 입장과 일맥상통했다. 결과적으로 이 프로젝트는 산업화된 주거 모델을 실험하며, 주택을 인간적인 동시에 기능적인 생활 공간으로 정의하고, '장식 없는 형태'라는 현대적 미학을 확립했다.

바이센호프 주거단지 내의 다섯 세대 복층형 주택, J. J. P. 오우트

여기서 독일공작연맹 시기에 유리가 건축에서 장식의 필연성을 흐리게 한 측면에 대해 잠시 살

바이센호프 주거단지 내의 집합주택, 미스 반데어로에

펴보자. 투명한 유리가 만들어진 것은 유리가 나온 지 오래 후인 기원전 1세기 로마에서 유리를 불어서 손으로 성형하는 기법인 핸드 블로잉hand blowing법이 발명되면서부터였다. 이때의 유리는 지금처럼 투명하지는 못했고 두꺼워서 채광 효과가 제한적이었다. 중세에 들어 샤르트르 대성당Cathédrale Notre-Dame de Chartres, 1194~1252과 파리 노트르담 대성당Cathédrale Notre-Dame de Paris, 1163~1345 같은 고딕 성당에서 둥근 지붕으로 인해 생긴 옆으로 미는 힘에 버티기 위해 벽을 두껍게 하지 않아도 되는 구조 혁신이 뒷받침된 덕분에 도입될 수 있었던 커다란 장미창과 스테인드글라스를 통해 빛과 색채를 상징적으로 활용했다. 이후 플로트 공법float processing[74]의 개발과 함께 18~19세기 산업혁명의 발생과 성숙 시기에 연료 및 고로의 개량에 힘입어 유리 생산 기술이 급속히 발전해 대형 판유리 제작이 가능해진 덕분에 벽과 지붕 전체가 유리로 된 여러 식물

샤르트르 대성당의 장미창과 스테인드글라스

원 온실과 1851년 런던 국제박람회를 위한 거대한 수정궁이 건설될 수 있었다.

독일공작연맹이 출범한 때와 같은 해인 1907년에 독일유리산업협회Deutsche Glastechnische Gesellschaft가 설립되어 유리 제조와 관련된 과학적·기술적 연구를 진행했는데, 특히 건축용 판유리와 안전유리 개발에 중요한 역할을 했다. 독일공작연맹이 산업 생산과 예술적 디자인의 융합을 목표로 하면서 유리가 그 이상을 실현하는 중요한 재료임을 깨달은 주요 인사들은 유리 연구에 동참해 건축에 적극 활용하고자 했다.

1914년 쾰른 공작연맹전에서 독일 표현주의 건축의 리더 중 한 명인 브루노 타우트가 유리산업전시관으로 만든 유리집Glashaus은 《유리 건축*Glasarchitektur*, 1914》을 저술한 환상주의 독일 작가 폴 셰르바르트Paul Scheerbart, 1863~1915에게서 받은 영감의 산물이다. 1913년에 유리건축학회Society for Glass Architecture를 창립하려 했던 셰르바르트는 이 책에서 "빛은 결정結晶을 원한다", "유리는 새 시대를 가져온다", "우리는 벽돌문화를 유감스럽게 여긴다", "유리 궁전이 없다면 삶이 지루할 것이다", "벽돌조 건물은 우리에게 해를 줄 뿐이다", "색유리는 증오심을 없애준다."라고 말하며 건축에 유리 도입을 장려해 유리 아버지Glass Papa로 불렸다. 규모

"거대한 난로Great Stove"라고 불렸던, 당시 세계에서 가장 큰 유리 온실Joseph Paxton & Decimus Burton, Chatsworth, 1836~1841

빈의 쇤부른 궁전Schloss Schönbrunn에서 합스부르크 왕가의 아열대 식물을 재배하는 그레이트 팜하우스Great Palm House, F. X. Segenschmid, 1881~1882

는 작지만 고딕 대성당의 정신으로, 도시의 관冠으로 기획된 이 프리즘 유리 돔 구조 전시관을 완성한 후 타우트는 1919년 저서 《알파인 건축 *Alpine Architektur*》에서 유리에 대한 더욱 꿈같은 비전을 제시하며 "빛나는 크리스털 하우스와 끊임없이 변화하는 유리 장식품"에 대해 말한 것처럼 유리를 이용한 환상적인 건물을 소망했다.[75] 이 책에서 유리와 철강은 당대의 물질주의에서 벗어나는 요소로 등장한다. 제1차 세계대전 종전 후 평화주의자가 된 타우트의 주요 목표 중 하나는 물질주의의 한계를 극복하는 것이었으며, 이는 그가 합리주의에 반대하는 활동의 일부였다. 타우트가 설립한 예술가 커뮤니티 '유리 사슬Gläserne Kette'[76]에서 새 천년의 가장 촉망받는 재료였던 유리는 원시적 순수함의 상징이자 순수함의 전형으로 여겨졌다. 이는 당시의 이념적·사회적 문제에 직면하기보

유리집 외관, 브루노 타우트, 쾰른, 1914

알파인 건축 중 "도시의 왕관The City Crown", 브루노 타우트, 1919

다는 오히려 수정水晶 거품 속에 가두어버린 내면의 꿈의 세계였다.

유리를 새로운 문화의 상징으로서의 크리스털을 가능케 하는 재료로 바라본 타우트의 열광과 함께 더 많은 건축가는 평판으로서의 유리에 관심을 보였다. 본성적으로 매끈한 유리는 그 너머를 보이게 하는 투과성으로 인해 건축에서 표면 장식의 유용성을 무산시키는 뜻밖의 가능성을 보였다. 두껍고 무겁고 거친 물질성을 벗어던진 유리는 건물을 비물질화하며 안쪽의 모습과 그 안에서 움직이는 사람들을 밖으로 보이게 해 별도의 표피 장식이 필요 없게 만들었다. 페터 베렌스의 터빈 홀, 발터 그로피우스의 파거스 공장과 곧이어 볼 데사우의 바우하우스 교사 등에서 넓고 편평한 유리판은 내외부를 단절하고 차폐하는 고전적 외벽이 아닌 내부와 외부를 시각적으로 연계하며 둘 사이의 경계만을 보여주는 얇은 외피로서 이전 장식의 시각적·촉각적 권능을 무색하게 했다. 유리를 어떻게 활용하든 이들의 공통점은 유리를 빛과 공간의 해방 도구로 바라봤다는 것이다.

독일공작연맹의 장식에 대한 태도를 결론적으로 보면, 이 단체 내에서 태동한 산업 미학의 혁신적 원칙은 불필요한 장식의 제거, '최소한의 수단으로 최대의 효과'를 추구하는 '기념비적' 특성, 평면의 명확성, 형식적 요소 간의 대비를 조화롭게 구성하는 방식에 기반하고 있었다. 1912년 언론에 실린, 독일의 조각가이자 금세공예가, 미술 교육자였던 카를 그로스Karl Groß, 1869~1934의 논문 〈장식Das Ornament〉은 독일공작연맹이 앙리 반데벨데의 미학적 원칙을 계승하면서 장식 문제에 대해 보인 태도를 잘 드러내고 있다.[77] 그로스는 이 논문에서 '장식 없는 장식'을 지지하며, '장식'은 단순히 장식적 요소를 추가하는 것이 아니라, 덩어리들의 적절한 배치에 있다고 주장했다. 그는 장식이 '주어진 형식적 문제'와 유기적으로 연계돼야 한다고 강조했다. 여기서 '장식 없는 장식'은 전통적인 의미의 장식 요소(조각, 문양, 곡선 장식 등)를 배제하면서도 여전히 미적·상징적 역할을 수행하는 건축적 요소를 의미한다. 이런 관점은, 건축의 형태, 재료, 비례, 구조적 리듬, 표면 처리 등으로 장식적 효과를 노리는, 근대 건축이 받아들일 수 있는 장식의 새로운 형태를 시사하는 까닭에, 이후에 볼 미스 반데어로에와 르코르뷔지에 같은 근대주의자들의 '장식이 아닌 장식'과도 무관하지 않다.

이러한 점에서 독일공작연맹이 추구한 혁신적인 형식 언어는 보수적인 전통주의와는 근본적으로 대립하는 창조적 접근 방식이었다. 또한, 독일공작연맹의 근대성은 표현의 가장 추상적인 경향, 즉 입체주의와도 맞닿아 있었다. 형식의 균질성은 형식적 어휘의 단순화를 가져왔으며,

평면적 표면과 직선의 승리를 이루어냈다. 이러한 경향은 바우하우스의 발전 과정에서 두 번째 단계에 접어들면서 주요한 양식적 특징으로 자리 잡게 된다.

바우하우스와 새로운 양식

예술과 기술, 새로운 통합

독일공작연맹이 결성된 1907년에 독일과 적대국인 벨기에 출생의 앙리 반데벨데가 대공大公의 후원으로 바이마르에 예술공예학교를 설립하고 교장이 됐으나 1914년 제1차 세계대전의 발발로 사임했다. 후임자로 취임한 발터 그로피우스는 이 학교와 바이마르 미술 아카데미를 통합해 1919년에 바우하우스Bauhaus(House of Construction이라는 의미의 신조어)를 설립했다. "모든 시각예술의 최종 목표는 완전한 건축이다"로 시작하는 강령을 내세운 바우하우스[78]는 건축과 결합하기 위해 순수미술과 응용예술을 포함한 모든 예술 분야의 연구를 확장해 나갔다. 창립자의 구상에 따르면, 건축에 참여하는 모든 사람은 건축가의 원칙을 깊이 이해하고 그와 조화를 이루며 창작해야 했으며, 부분은 전체를 완성하는 요소로 작용해야 했다. 그로피우스는 벽화 공방에 바실리 칸딘스키Wassily Kandinsky, 1866~1944, 유리 공방에 파울 클레Paul Klee, 1879~1940, 도자기 공방에 게르하르트 마르크스Gerhard Marcks, 1889~1981, 인쇄 공방에 라이오넬 파이닝거Lyonnel Feininger, 1871~1956, 직물 공방에 게오르그 무치Georg Muche, 1895~1987, 제본 공방에 오스카르 슐레머Oscar Schlemmer, 1888~1943, 가구 공방에 마르셀 브로이어Marcel Breuer, 1902~1981, 금속 공방에 크리스티안 델Christian Dell, 1893~1974, 무대 공방에 로타르 슈라이어Lothar Schreyer, 1886~1966 같은 당대 최고의 예술가들을 초청해 바우하우스에서 가르치게 했다. 당시 유럽의 최고 예술학교라는 자부심을 누리며 건축도 가르쳤던 파리 미술학교가 권위주의와 관습에 짓눌려 허둥댈 때 그로피우스는 능력이 있으면 2~30대의 젊은 예술가들도 과감히 교수로 기용해 개혁적인 교육을 지휘케 했다.

그로피우스는 1919년 바우하우스 창립 선언문에서 '순수미술'과 '응용예술' 사이의 구분을 더 이상 두지 않겠다는 의지를 밝혔다. 그는 예술과 기술, 회화, 조각을 건축 안에서 통합하고, 직인의 높아진 모습에 불과한 예술가와 수공업자 사이에는 본질적인 차이가 없다며 모든 예술가는 수공예로 돌아가 장인이 되어야 한다고 주장했다.[79] 또한 윌리엄 모리스의 이상과 앙리 반데벨데의 정신을 계승해 건축에서의 공동작업을 중시했다. 여기에 기계를 배제하는 대신에 수용하고 이탈리아 미래주의, 뒤에서 재론될 러시아 절대주의와 네덜란드 데 스틸의 보다 현대적인 이론을 받아들였다.[80] 그림과 조각과 음악과 건축에서 움직임에 집착해 근대적 삶과 그 힘의 역동성을 보여주고자 했던 미래주의, 1917년 소비에트 혁명 후 백지상태에서 태동된 미래지향적 예술로서 모든 구상성을 환원해 정방형, 원형, 십자형 등을 화면구조의 기본적 형태로 보고 모든 관능과 묘사가 제거된, 순수하고 지적인 구성 작품을 추구한 절대주의, 질서와 엄격함, 순수함의 교훈을 준 데 스틸의 이념이 바우하우스라는 학교 교육의 지렛대가 된 것이다.

6개월 기간의 예비과정 후 성적에 따라 선택한 공방에 입학한 학생

들인 직인과 도제는 한 명 또는 두 명의 명인(기능 마이스터와 조형 마이스터) 아래에서 공부했다. 1923년에 들어 바우하우스는 장식과의 연을 완전히 끊는 새로운 교육 이념인 '예술과 기술, 새로운 통합'을 제시했다. 여기서 강조된 것은 기계 산업과 연계된 제품을 창안해야 한다는 점이었다. 1919년 바우하우스가 견지했던 태도로부터의 명확한 변화였다. 그로피우스는 기계와의 조화를 두 가지 차원에서 접근했다. 첫째, 학생들은 대량생산에 적합한 디자인 유형을 익혀야 했고, 둘째, 기계화된 시대의 가치를 응축한 형태를 창안해야 했다.[81] 1911년과 1914년의 독일공작연맹 회의에서 무테지우스의 주장을 되새기게 하는 대목이다. 그로피우스가 '예술과 기술, 새로운 통합'에서 언급한 기술은 더 이상 수공예 기술이 아닌 현대적 기계 기술이었다. 그렇다면 초기 교육 프로그램에서 강조된 수공예 기술과 기계 기술 사이에는 어떤 관계가 있으며, 이 두 가지 요소는 어떻게 통합됐을까?

이와 관련해, 1923년 바우하우스 전시회를 전후해 출판된 《바우하우스의 이론과 조직*The Theory and Organization of the Bauhaus*》에서 그로피우스는 새로운 방향으로의 전환이 결코 생각의 변화를 의미하지 않는다고 변론했다. 그에게 건축의 산업화는 시대적 흐름이었으며, 기계 기술을 적극적으로 받아들이는 것은 앞서 확인한 것처럼 그가 오래전부터 지니고 있던 신념이었다. 1919년 창립 선언문에서 제시된 수공예로의 회귀는 단지 제1차 세계대전 패전 직후의 혼란스러운 상황 속에서 건축 공동작업을 위한 중요한 수단(목적이 아닌)으로 제시된 것이었다. 따라서 지향점이 달라졌다고 해서 결코 수공예를 배제해야 한다는 의미는 아니었다. 위의 글에서 "손은 수공예를 통해 물질을 다루며, 도구와 기계의 도움으로 이를 수행한다."[82]라고 말한 것에서 바우하우스는 수공예가 조형적 기초로서 중요한 역할을 한다는 점을 인정하고 새로운 기계시대에 부합하는 수공예의 의미를 모색하면서 예술과 기술의 통합이라는 개념을 형성해 나갔음을 알 수 있다. 이러한 새로운 방향 덕분에 바우하우스는 기계시대의 대량생산에 적응한 새로운 학교가 됐으며, 특히 실용적인 산업 디자인 교육을 정착시키는 데 기여했다.

새로운 미학, '바우하우스 스타일'

그로피우스는 만약 언젠가 사람들이 '바우하우스 스타일Bauhausstil'이라는 말을 하게 된다면 자신의 시도가 실패한 것이라고 말한 바 있다. 어떤 양식으로 정착됐다는 것은 어느덧 관습화됐다는 뜻인데, 시대정신을 좇아 끊임없이 새로움을 추구하려는 바우하우스의 열린 자세에 어긋난다는 것이다. 그러나 그의 우려와 상관없이 바우하우스 스타일이라는 독특한 양식이 성립됐다. 바우하우스는 새로운 시대에 적합한 제

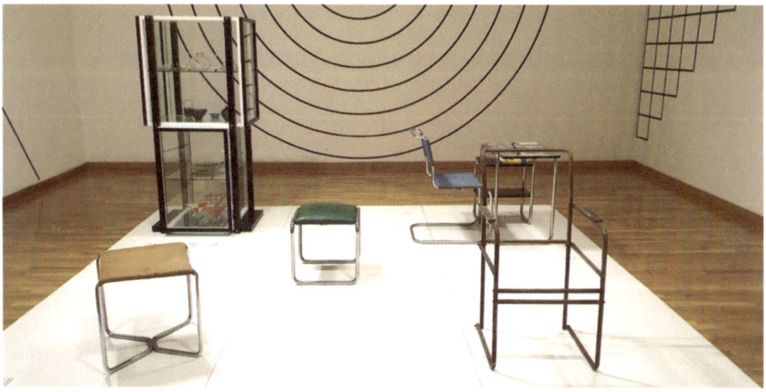

바우하우스 스타일의 가구들

품을 실험하며 산업화된 제품의 모델을 창조하는 방향으로 나아갔고, 기능적이고 대량생산에 적합한 형태를 추구하는 과정에서 장식이 배제된 단순하고 직선적이고 매끈한 형태에 이르게 된 것이다.

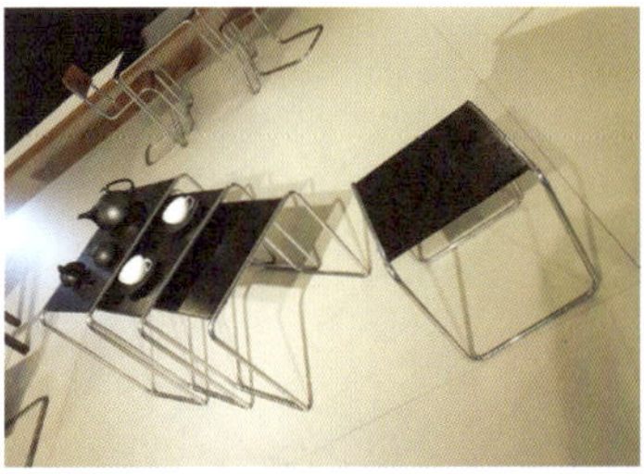

마르셀 브로이어의 탁자 세트1925~1926와 발터 그로피우스의 다기 세트1963

빌헬름 바겐펠트Wilhelm Wagenfeld의 하트형 화병1935를 포함한 바우하우스 스타일의 유리병과 다기들

1917년 몬드리안과 함께 네덜란드 조형예술 잡지인《데 스틸》을 발간한 화가이자 조각가, 예술이론가로 데 스틸 정신의 전파자 역할을 했던 테오 반 두스뷔르흐Theo van Doesburg, 1883~1931가 1922년에 바우하우스를 방문한 이후, 데 스틸의 영향을 받은 형태는 디자인 언어의 일반적인 기반이 되었으며, 형식과 산업의 재통합이 더욱 강조됐다. 예비과정Vorkurs을 담당했으나 반 두스뷔르흐로부터 교육 방식에 대해 강한 비판을 받은 후 사임한 요하네스 이텐Johannes Itten, 1888~1967은 개인성이 강조된 예술 교육을 중시했다. 이텐의 후임자로 1923년 바우하우스 교육에 참여한 라슬로 모홀리나지László Moholy-Nagy, 1895~1946는 순수한 시각적 경험을 강조하며 복잡한 형식 대신 기하학적 형태(직선, 원, 사각형)와 기본 색상(빨강, 파랑, 노랑)을 활용해 디자인과 공간을 단순화하고자 한, 기본 요소로 환원된 디자인 어휘는 반 두스뷔르흐 및 러시아 혁명 이후 1920년

Komposition Z VIII, 라슬로 모홀리나지, 1924, musei di berlino 소장

모스크바에 설립된 러시아 국립 예술 및 기술 학교인 브후테마스Vkhutemas에서 행해진 예술 교육 실험과 맥락을 같이했다. 러시아 혁명을 성공적으로 이끈 레닌Vladimir Lenin, 1870~1924의 포고령에 의해 바우하우스보다 1년 늦게 설립된 이 학교는 모스크바 회화·조각·건축학교MUZHVZ와 스트로가노프Stroganov 응용예술학교가 합병하여 설립된 것, 산업을 위한 최고 수준의 숙련된 예술가와 직업-기술 교육을 위한 건축가 및 관리자들을 양

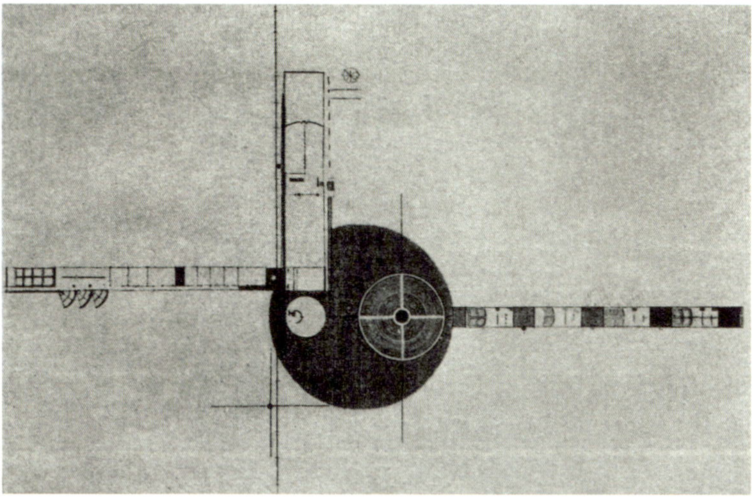

베스닌Alexander Vesnin, 1883~1959을 지도교수로 레오니도프Ivan Illich Leonidov, 1902~1957가 1927년 브후테마스의 졸업 논문 프로젝트로 제출한, 소련의 집단적 과학 및 문화 중심지인 '레닌 도서관학 연구소' 설계

성하는 것을 목표로 삼은 것, 예술 교수가 예술 학부를 맡아 그래픽, 조각, 건축 과목을, 산업 교수가 산업 학부를 맡아 인쇄, 섬유, 도자기, 목공, 금속공예 과목을 가르치는 등 설립 과정과 이념과 교육 방식에서 바우하우스와 닮은 점이 많았다. 러시아 구성주의Constructivism,[83] 합리주의, 절대주의라는 세 가지 주요 아방가르드 예술 및 건축 운동의 중심지였던 이 학교에서 정밀한 기하학적 형태와 공간에 대한 강조를 통해 예술과 현실에 대한 태도를 변화시킨 것은 예술사에서 위대한 혁명 중 하나로 평가받는다.[84]

그로피우스가 꿈꿨던 새로운 공동 예술을 실현하기 위한 '그 시대를 위한 스타일'은 점점 더 기본적인 기하학적 형태—원, 구, 직사각형, 정육면체, 삼각형, 피라미드—로 정리되어 갔다. 바우하우스의 교수진들은 바우하우스 스타일의 존재를 부인했지만, 1923년 이후 모홀리나지가 주도한 예비과정에서 이루어진 기하학적 추상예술의 광범위한 확산 덕분에, 후에 도자기, 직물, 가구, 심지어 건축을 디자인한 예술가들과 장인들은 특정한 시각적 문법을 공유하게 됐다.

바우하우스의 후반기에 등장한 몇 가지 예술적·지적 성과물을 살펴보면, 초기 바이마르 시절과 비교했을 때 바우하우스의 방향성이 어떻게 변화했는지 가늠할 수 있다. 예를 들어 가구 공방의 브로이어와 마르트 스탐Mart Stam, 1899~1986은 강철 튜

마르셀 브로이어의 탁자1927와 캔틸레버 구조인 마르트 스탐의 의자1933

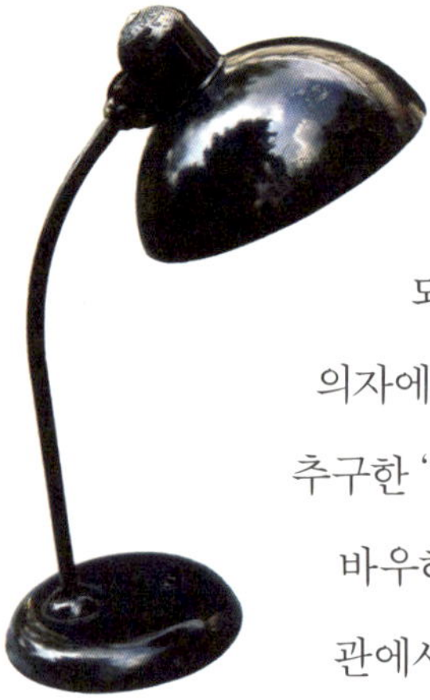

크리스탄 델의 이델 조명Lamp Idell

브로 만든 탁자와 의자 디자인을 개발했는데, 이는 대량생산을 위한 표준 모델이 되었다. 이들은 캔틸레버cantilever 구조[85]를 활용해 의자에 가벼운 느낌을 부여했는데, 이는 그로피우스가 추구한 '현대 세계를 상징하는 형태'와 조화를 이루었다.

바우하우스 설립 100주년을 기념해 2019년 금호미술관에서 개최된 '바우하우스와 현대 생활전Bauhaus and Modern Life'은 브로이어, 그로피우스, 미스 반데어로에, 델 같은 바우하우스 교수들과 제자들의 바우하우스 스타일과 이에 영향을 받은 르코르뷔지에와 샤를롯 페리앙Charlotte Perriand, 1903~1999, 핀란드 건축가이자 가구 디자이너 알바 알토Alvar Aalto, 1898~1976, 덴마크 건축가이자 디자이너 아르네 야곱센Arne Jacobsen, 1902~1971 같은 유럽과 미국의 국제적 디자이너들의 작품을 보여줌으로써 바우하우스 스타일의 특성과 그 영향력을 소개했다.

이 작품들을 보면 바우하우스 스타일이 무엇보다 먼저 형태는 기능을 따라야 한다는 원칙에 기반해 불필요한 장식을 배제하고 실용성과 효율성을 우선시했음을 알 수 있다. 디자인은 미적인 동시에 실용적이어야 한다는 철학을 고수한 것이다. 이 목표를 달성하기 위해 직선, 원, 사각형 등 기하학적이고 단순한 형태를 기본 조형 요소로 사용함으로써 복잡한 곡선이나 장식적 요소를 지양하고 미니멀한 구조를 달성했다. 재료 본연의 미학을 존중하는 태도로서 강철, 유리, 콘크리트 같은 현대 산업 재료를 솔직하게 드러내고, 이를 조형적 요소로 삼았다. 전통적 균형감에서 벗어나 역동적이고 비대칭적인 구성을 선호한 결과 근대성이 강화되고 시각적 긴장감이 창출됐다. 칸딘스키와 모홀리 나지 같은 교수들의 색채 연구에 영향을 받아 검은색, 흰색, 회색과 함께 빨강, 파랑, 노랑의 기본 원색을 강조해 색이 형태와 구조를 보완하도록 했다.

바우하우스 스타일의 간소한 가구들

바이마르 공화국의 지원을 받는 국립학교였던 바우하우스는 원래 학비를 받지 않고 학생들에게 재료와 설비를 제공해 대량생산에 적합한 원형prototype으로 만든 작품을 바우하우스에 귀속하고 생산해 학교를 운영하고자 했으나, 실제로 상품화된 작품은 소수였다. 하지만 이 학교

바우하우스 스타일의 간소한 가구와 벽걸이

에서 보여준 바우하우스 스타일은 기능과 미학의 통합, 기하학적 형태, 현대 재료의 솔직한 표현을 기반으로 한 간소하고 혁신적인 디자인으로 인간 주변에서 끈질기게 서성이던 장식을 잊게 했다. 바우하우스 내부와 다른 유럽 근대주의자들 사이에 근대적 디자인은 어떤 경우든 전통적 장식으로 보이는 것을 노출할 수 없다는 공감대가 형성됐으며, 응용예술학교의 커리큘럼에서 장식 교육을 없애 1920년대 초반에 아돌프 로스의 논평 〈장식과 범죄〉에 버금가는 치명타를 장식에 가했다.

바우하우스 정신이 반영된 건축

이러한 바우하우스의 정신이 집대성된 바우하우스 건축은 1·2·3대 교장인 그로피우스, 하네스 마이어Hannes Meyer, 1889~1954, 미스 반데어로에의 작품 특성과 직결된다. 그들은 모두 건축가였다. 그로피우스는 바우하우스 교육의 목표로 '새로운 건축'과 '위대한 건설'을 제시했고 1923년에 건축 교육과정이 공식적으로 마련됐지만, 실제적인 건축 교육은 1926년까지 존재하지 않았다. 1926년 12월 스위스 건축가 하네스 마이어가 참석한, 데사우로 이전하며 신축한 바우하우스 교사의 공식 개관식에서 그로피우스는 건축 과정을 개설하고 싶다는 뜻을 밝히며 그 운영을 마이어에게 제안했다. 당시까지 바우하우스에는 7년 동안 단 한 개의 건축 사무소만 존재했으며, 극소수의 학생만 건축 실무를 배울 수 있었다.

여기서는 바우하우스의 건축 교육과정에 대해 논하기보다는, 바우하우스 내부에서 수행된 몇 가지 건축 작업을 보고자 한다. 바우하우스 건축은 교육자의 건축 철학이 반영된, 변화해온 전반적인 교육 이념과 밀접하게 연관되어 있다. 1920년, 그로피우스와 아돌프 마이어Adolf Meyer, 1866~1950의 건축 사무소는 한 채의 난독주택을 짓는 계약을 수주했다. 앞에서 이미지가 제시된 이 집은 목재 산업가이자 부동산 개발자인 아돌프 조머펠트Adolf Sommerfeld, 1886~1964의 의뢰로 목재를 사용해 지어졌는데, 문, 계단 난간, 2층 갤러리에는 단순하고 기하학적인 문양이 새겨졌다. 건축주가 제재소를 운영하는 도시마다 이를 상징하는 특정한 장식을 지니기를 원하는 요청에 응한 것이다.

이 주택은 당시 전위적 건축가들로부터 강한 비판을 받았다. 그들은 이 주택을 시대착오적인 건축으로 간주하며, 산업화된 건축을 주장했던 전쟁 이전의 그로피우스가 어떻게 이런 건물을 설계할 수 있었는지 의아해했다. 그로피우스는 이에 대해 당시 젊은 예술가들이 목재에 대해 '본능적인 애착'을 가지고 있었으며(특히 표현주의 조각가들의 목각 및 목판화 작

조머펠트 하우스의 내부

당시 사교장 역할도 했던 예나 극장의 예외적으로 간소한 내부

업을 염두에 뒀다), 또한 목재가 새로운 형태를 창조하는 데 용이한 재료였기 때문에 이를 활용했다고 해명했다.[86] 실제로 1918년에 끝난 제1차 세계대전 패전 직후로 혼란했던 1921년 당시 독일 건축가들이 받을 수 있는 건축 프로젝트는 극히 드물었다. 특히 바우하우스가 있었던 바이마르에서는 학교가 실습을 할 기회를 가질 만한 의뢰가 전혀 없었다. 따라서 바우하우스는 학교에서 먼 베를린이었지만 제한적인 주문을 받아들여 학생들의 실습 과제로 활용해야 했다.

1922년에 그로피우스가 수행한, 앞서도 언급되고 이미지가 제시된 예나 극장 개조 작업은 그로피우스가 동시대의 저술에서 언급한 '새로운 건축 정신'을 구현한 사례다. 아돌프 로스의 논평 〈장식과 범죄〉를 읽은

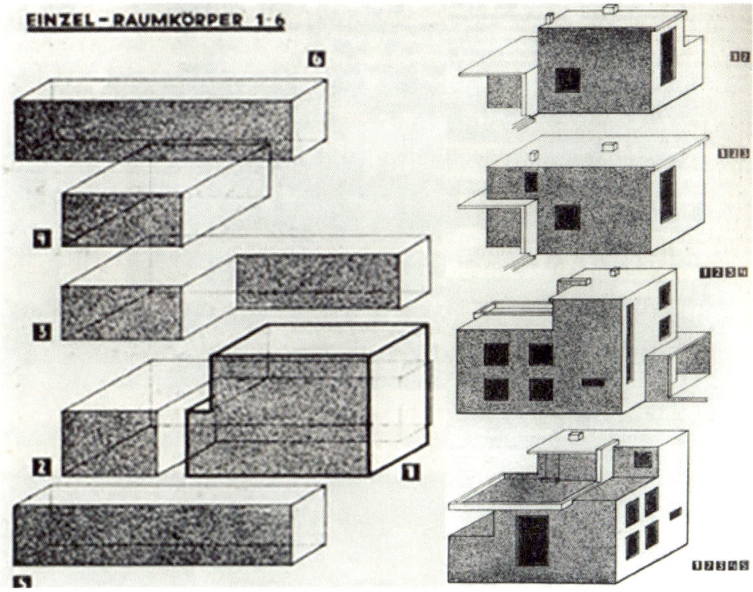

그로피우스의 '대형 모듈Baukasten im großen' 연구, 1923

후 맞은 변화의 결과로 추정되는 이 프로젝트는 바우하우스의 개혁이 시작되는 시점에서, 그로피우스 개인의 건축적 변화가 어떤 방향으로 나아가는지를 명확하게 보여준다. 예술사가 자페H. L. C. Jaffe, 1915~1984는 초기 바우하우스의 특징을 보여주는 장식적인 조머펠트 주택과 예나 극장을 비교하며, 후자가 새로운 시대정신의 첫 번째 징후를 드러냈다고 분석했다.[87]

1921년부터 1923년 사이, 전후 복구사업을 염두에 두고 그로피우스가 설계한 조립식 주택 모델은 새로운 건축 개념을 실험하기에 가장 적합한 영역이었다. 산업 표준화 기법을 적용하면서, 단순한 기본 요소를 조합할 수 있도록 설계된 형태가 요구됐다. 대량생산과 높은 유연성을

데사우의 바우하우스 공방동, 그로피우스

확보하기 위해 그는 외관에서 모든 장식을 제거하고, 기존의 전통적 주택에서 사용했던 경사 지붕 대신 평지붕을 도입했다. 이는 그로피우스가 기존에 설계했던 주택들과는 확연히 다른 변화였다.

1923년 이후, 바우하우스의 접근 방식은 신즉물주의Neue Sachlichkeit 운동[88]과 밀접한 연관성을 가지면서 극도로 객관적인 성격을 띠게 되었다. 바이마르를 떠나 데사우에 건설될 바우하우스 교사는 그로피우스와 바우하우스가 연구 작업의 범위를 가정용 소형기기부터 조립식 주택까지 확장할 수 있는 기회가 됐다. 그로피우스는 새로운 바우하우스 본관을 자신의 예술 및 건축 이론을 실현하는 상징적인 모델로 삼고자 했다. 특히 공방동의 유리 벽은 그가 오래전

바우하우스가 당시 좌우 대칭 일색이었던 학교 건물의 배치와 달리 동 간의 상호 연관성과 기존 도로의 상황에 호응하며 바람개비 모양의 동적인 배치를 취했음을 보여주는 모형 사진

데사우의 바우하우스 전경, 그로피우스

부터 꿈꿔온 새로운 시대를 위한 결정화라는 개념을 가장 잘 구현한 요소였다.

바우하우스 본관에 대한 논평은 이 작업이 지닌 가치를 드러낸다. 건축사가 윈프레드 네르딩거Winfried Nerdinger, 1944~는 "청결함, 명료함, 그리고 개방성에 대한 욕구가 여기에서 승리를 거두었다. 큰 창을 통해 우리는 작업하는 사람과 휴식하는 사람을 모두 외부에서 바라볼 수 있다. 각 요소는 그 자체의 구조를 숨김없이 드러내며, 볼트 하나조차 감춰지지 않고, 세공도 감춰지지 않는다. 어떤 원재료가 사용되었는지 모두 볼 수 있다. 이러한 진실성은 도덕적으로도 높이 평가받을 수밖에 없다."라고 감탄했다.[89] 바우하우스 연구자인 막달레나 드로스테Magdalena Droste, 1948~는 "그로피우스가 기능을 엄격하게 구분하고, 재료와 구조를 통해 건축의 내용을 가시화하려고 한 명확한 방식 덕분에, 바우하우스 본관은 20세기에서 가장 중요한 건축물 중 하나이며, 후대에 지대한 영향을 미친 작품으로 평가된다."[90]라며 가치를 인정했다.

바우하우스 교수 사택 중 교장의 집 정면, 그로피우스. 오늘날 네 동 중 두 동은 전시공간으로 내부가 개조되며 창살이 있던 투명창이 아닌 창살이 없는 반투명창으로 바뀌었다.

네 동 중 본래의 창살 디자인을 유지하고 있는 바우하우스 교수 사택

앞서도 언급됐고 이 두 평가에서도 재확인할 수 있듯이 건물의 구조와 재료가 고스란히 드러나는, 유리로 덮인 표면이 투명성을 강조한 이곳의 공방동에서는 추가적인 장식이 필요하지 않았다. 1914년 그로피우스가 설계한 파거스 공장과 달리, 데사우 바우하우스 본관에서는 바닥 슬래브와 기둥이 유리 벽과 직접 맞닿지 않아, 투명성을 통해 장식이 없으면서도 장식적인 효과를 극대화하는 방식이 채택됐다.

바우하우스 본관이 바우하우스의 이념을 건축적으로 실현한 사례라면, 1925~26년에 지어진 바우하우스 교수 사택은 현대적 생활 방식과 삶의 스타일을 시연하는 역할을 했다. 이 주택들은 기계시대의 일상 활동을 표준화하는 개념을 표현해야 했다. 그로피우스의 개인 주택 디자인 중 가장 주목할 만한 작품이 입방체 형태의 입체적인 외관을 가진 교수 사택이었다. 흰 벽과 개방된 창이 조화를 이루며, 철제 프레임이 강조된 창문은 단순한 평면적 디자인이 아니라 건축적으로 입체적인 깊이를 형성했다. 1922년에 발표된 입방체 형태의 건축 개념이 여기에서 완전히 개화됐다. 바우하우스 교장 사택의 창문과 문 개구부, 그리고 흰 벽의 불투명성은 마치 추상회화의 구성을 연상시킨다. 창과 문 개구부는 기능적 필요에 따라 배치됐지만, 그 크기, 형태, 위치는 신중한 연구를 통해 결정됐다. 이 건물의 미적 가치는 추가적인 장식이 아니라, 균형과 조화를 유지하는 단순함의 아름다움에서 비롯된 것이다.

그로피우스는 오랫동안 건설 비용을 절감할 방법을 고민했다. 그는 건설 현장의 작업을 체계화하고, 조립식 부품을 사용하며, 건축을 표준화하는 것이 그 해답이 될 수 있다고 보았다. 데사우 시의회가 사회 주택 부족 문제 해결을 위해 의뢰해 그로피우스가 설계한 314세대의 데

데사우 테르텐 주거단지의 배치도, 그로피우스

사우 테르텐 주거단지Siedlung Dessau-Törten, 1926~1928는 바우하우스가 대규모 산업적 생산방식으로 전환하고, 과거 장인 정신의 낭만적 열정에서 벗어나 현대 세계를 무조건적으로 수용하는 방향으로 나아간, 경제적 필요성을 고려한 합리적 주거 프로젝트의 대표적인 사례다. 바우하우스의 여러 공방이 함께 참여한 이 프로젝트의 핵심은 단순한 입방체 형태의 건물을 가로 방향으로 연결하는 것으로, 바닥 면적뿐 아니라 높이도 최소화하여 실사용 공간을 극대화하고자 했다. 또한, 건설 비용을 대폭 낮추기 위해 재료를 선별하고 반복적인 구조를 활용했다. 각 세대는 좁지만 긴, 자신들만의 마당을 가졌다. 당시의 아방가르드 건축이 그토록 옹호하고 주창했던 기능주의가 정점에 이른 순간이었다.

오늘날의 데사우 테르텐 주거단지 모습

1928년, 그로피우스는 바우하우스의 진보적이고 좌파적인 성향을 문제 삼은 극우 정당인 나치의 압력과 1924년에 바이마르 시 정부가 보수적인 세력으로 바뀌면서 바우하우스에 대한 지원이 중단되고 데사우로 이전했음에도 곧 우경화된 시 정부의 비협조로 여전히 재정난에 시달리며 교장직에서 자진 사퇴했지만, 바우하우스에서 그의 영향력은 여전했다. 그로피우스는 바젤에서 결성된 좌파 건축 그룹 ABC의 일원으로서 천창이 있는 산업적인 박스형 건물인 바젤 페터스슐레Petersschule, 성베드로 학교 설계경기안1926과 기능적 구성 요소들을 중립적인 모듈 구조로 감싸는 형태였던 제네바 국제연맹본부 설계경기안1926~1927의 타협 없는 기능주의적 설계로 국제 아방가르드 건축계의 주목을 끈, 2년 전부터 바우하우스에서 건축을 가

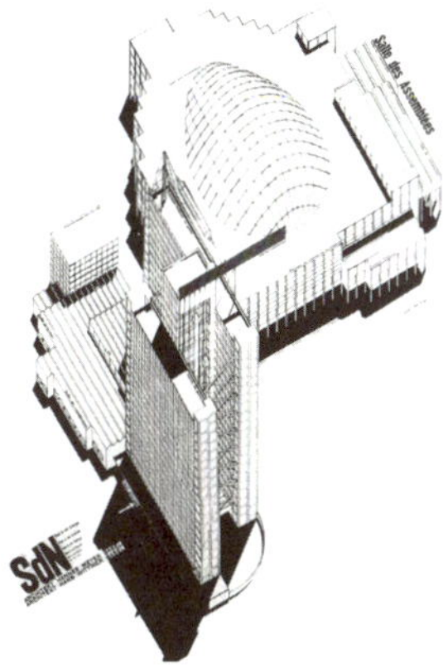

국제연맹본부 설계경기안, 하네스 마이어

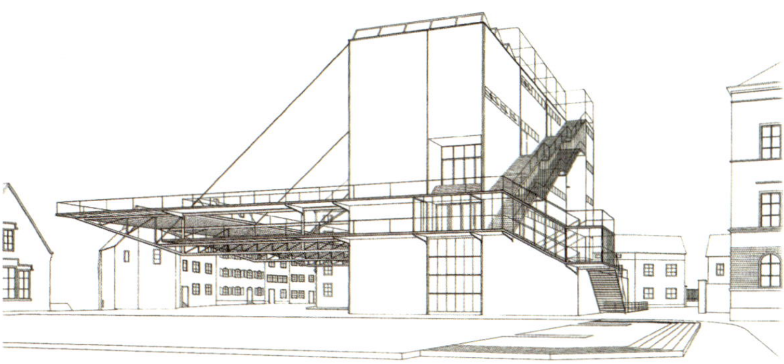

페터스슐레 설계경기안, 하네스 마이어, 바젤, 1926

르친 하네스 마이어를 후임자로 삼았다. 이 두 프로젝트는 러시아 구성주의의 영향을 보여주었지만, 불필요한 기둥, 유리 엘리베이터, 과장된 구조 등에도 불구하고 형이상학적 환상을 배제한 장식적이지 않은 건축의 인상을 남겼다.[91] 1928년부터 1930년까지 학교 운영을 책임졌던 하네스 마이어는 초보 건축교육자였으나 건축을 하나의 구조적 문제로 접근함으로써 바우하우스 건축에서 중요한 역할을 했다. 그는 기능주의와 사회 개혁을 옹호한 근대 건축가로서 건축을 예술로 간주하지 않았으며, 오직 구축construction의 문제로 봤다. 그는 "건축은 미학적 과정이 아니다. 건축은 단순히 조직의 문제일 뿐이다. 사회적 조직, 기술적 조직, 경제적 조직, 그리고 물리적 조직이다."[92]라고 건축을 정의했다.

따라서 개인적 독창성보다는 집단 작업을 선호한 하네스 마이어와 바우하우스가 수행한 가장 중요한 프로젝트 중 하나가 독일 노동조합 학교ADGB Trade Union School, Bernau bei Berlin, 1928~1930였다. 이 건물은 구조적으로는 서로 분리된 건물들이 연결되어 긴 Z자 형태를 이뤄 그로피우스의 데사우 바우하우스와 마찬가지로, 이 복합 건물의 전체 모습은 공중에서 내려다봐야 온전히 파악할 수 있다. 유리 파사드를 가진 긴 복

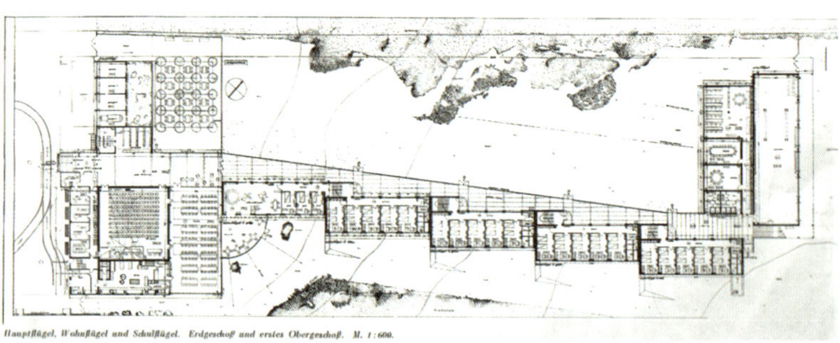

독일 노동조합 학교 평면도, 하네스 마이어

도가 기숙사를 따라 이어지며, 교실, 도서관, 체육관과 연결되고, 유리 블록 천장이 덮인 식당과 강당도 이 복도를 통해 이어져 있다. 이 프로젝트는 기능주의적 관점을 반영했지만, 색채와 재료의 감각적인 사용이 돋보였다. 강철, 노출콘크리트, 유리 블록, 정교하게 짜인 강철 프레임 창 같은 재료들이 풍부하게 활용됐다. 그는 이 건물의 입구에 세 개의 굴뚝을 배치했는데, 이는 전통적인 장식 요소가 가진 상징성을 현대적으로 변형한 것이었다. 그러나 사회주의 성향의 건축가로서, 마이어의 프로젝트는 직설적인 장식을 피하면서 시적인 기능주의의 걸작이라고 평가받는 결과물을 창출했다.

독일 노동조합 학교Bernau bei Berlin, 1928~1930, 하네스 마이어

독일 노동조합 학교, 하네스 마이어

바우하우스의 건축은 마이어의 후임자로 역시 구축을 중시한 미스 반데어로에의 건축으로 이어지게 된다. 미스 반데어로에의 건축 철학과 작품에 대해서는 뒤에서 별도로 들여다볼 것이다.

장식과 단순미

모더니즘의 혁신적 예술

세잔과 1890년대 회화

모더니즘은 예술과 문학뿐만 아니라 동시대 문화 속에서 움직이는 거의 모든 분야에 걸쳐 작동했다. 예술비평가 클레멘트 그린버그Clement Greenberg, 1909~1994는 모더니즘의 본질이 근대 계몽주의를 정점에 올려놓았고 독일 관념 철학의 기반을 확립한 프로이센의 철학자 임마누엘 칸트Immanuel Kant, 1724~1804가 시작한 자기비판적 태도의 발전 혹은 과장이라고 여겼다.[93] 즉, 모더니즘의 성격이 특정한 원칙을 전복시키기 위해서가 아니라, 오히려 그 원칙의 포괄성을 더욱 완전하게 유지하기 위해 그것을 비판하는 특별한 방법을 도입하는 데 있다는 것이다.

모더니즘 회화는 에두아르 마네Édouard Manet, 1832~1883와 클로드 모네의 인상주의가 등장하면서 본격화됐는데, 전통 회화의 특징 중 하나였던 명암 처리와 조형적 요소를 배제함으로써 순수한 시각적 경험을 강조했다. 인상주의 회화를 개척한 마네가 1866년에 그린 '피리 부는 소년'

은 그림이 처음으로 창窓의 역할을 한 중세 말 이래로 화가들이 그림이 견고하게 보이도록, 또한 주위 공간이 입체적으로 보이도록 모델링이나 음영에 의존해왔던 것에서 탈피해 색채대비에 의한 형태감과 공간을 표현했다. 의도적으로 빛을 정면에 둬 그림자도 입체적 표현도 볼 수 없는 이 그림은 각각의 색면이 그림 전체를 구성하며 윤곽이 분명한 형상을 드러낸다. 그림 그 자체가 그려진 대상보다 중요한, 회화가 상상의 구현이나 현실의 재현 목적이 아닌, 연구와 실험의 대상이 되는 근대 회화의 출발점에 선 것이다. 캔버스는 독자적 법칙을 소유한 작은 세계가 됐는데, 화면을 꿰뚫어 보는 것이 아니라 운필과 색면이 중요해지면서 화면 자체를 보게 됐다. 음영을 통한 입체적 표현을 부정하는 이 평면적인 회화는 앞서 본, 동시대였던 예술수공예운동에서부터 그 후였던 아르누보를 거치면서 건축의 장식이 평면화되는 상황과 결을 같이했다. 이 그림은 입체적 표현과 명암 처리가 안 됐고 배경이 없다는 이유로 살롱전에서 낙선했지만, 전통적인 회화에 대한 저항의 몸짓은 선명했다.

'피리 부는 소년', 에두아르 마네, 1866, Musée d'Orsay 소장

마네와 함께 인상주의를 개척하며 평생을 가깝게 지낸 모네는 빛에 대한 관심에서 마네와 차이를 보였다. 모네가 현장에서 그린 "강"의 햇빛이 비치는 풍경에서 형태는 해체되어 색채의 빛으로 환원됐다. 검은색을

'강', 클로드 모네, 1868, Art Institute of Chicago 소장

'수련', 클로드 모네, 1917~1919 사이, 개인 소장

쓰지 않아 그늘진 부분에서도 색이 넘쳐나는 이 그림을 보수주의 비평가들은 그림의 햇빛에 눈을 상했다고 불평하며 순간적인 인상을 그린, 정식으로 비평할 가치가 없는 미완성의 소묘로 치부하며 인상주의라고 비꼈다. 이 명칭을 거부한 마네와 달리 모네와 그 동료들은 기꺼이 수용했는데, 모네가 그린 일련의 "수련"은 시시로 변하는 자연의 빛과 색채를 더욱 깊이 추구해 화면은 무게가 없는 빛나는 스크린이 됐다. 마네의 그림에서는 후대 근대 건축의 평탄함이 떠오르고, 모네에게서는 근대 건축에서 자연광이 핵심재료가 된 것에서 연관성이 감지된다.

후기 인상주의로 넘어오면서 회화의 역사에서는 물론이고 특히 건축과의 관련에서도 가장 중요한 화가가 폴 세잔Paul Cézanne, 1839~1906이다. 그의 중요성은 먼저 현대 회화의 형식과 표현 수단에 무한한 가능성을 제공한 데 있다. 그의 부고 기사에서도 알 수 있듯이, 그는 새로운 표현 방법을 모색하던 젊은 화가들에게 막대한 영향을 미쳤다. 그는 당시 유행하던 모든 회화 사조, 특히 표현주의에 반발하며 평생 사물의 순수한 형태를 표현하는 방법을 모색했다.

젊은 시절 세잔은 마네와 모네를 깊이 존경했으며, 빛이 가득한 야외 풍경을 그렸다. 그러나 그는 "나는 박물관의 회화처럼 견고하고 안정적인 인상주의 그림을 그리고 싶다."라고 말하며 인상주의자들처럼 끊임없이 변하는 풍경의 순간적인 이미지를 포착하려 하지는 않았다.[94]

세잔은 예술 작품의 견고함과 안정성을 먼저 정물화에서 찾았다. 그에게 사과, 오렌지, 배, 포도와 같은 과일들은 가장 기본적인 기하학적 형태에 가깝고, 색이 가장 순수하며, 빛과의 조화도 풍부했다. 그의 목표는 현상의 우연 속에 감춰진 기본적인 형태와 운동을 드러내는 것이었다. 그는 자연 속 모든 사물이 근본적으로 원뿔, 구, 원기둥 형태를 가지고 있다고 봤다.

폴 세잔의 과일 정물화, 1895~1900 사이, Musée d'Orsay 소장

폴 세잔의 생트빅투아르 산, 1904, 필라델피아 미술관 소장

세잔의 탐구는 풍경화에서 계속됐다. 1882년 이후 그는 고향인 엑상 프로방스Aix-en-Provence에 거주하며 프랑스 남부의 전원 풍경을 연구했다. 그곳에서 찾은 해법은 19세기와 20세기의 분기를 형성하는 주요 원인 중 하나가 됐다.[95] 그는 풍경을 빛의 수용체나 생명이 깃든 공간으로 보지 않고, 강렬한 감정을 지닌 대상으로 혹은 독자적인 목적을 지닌 존재로 인식했다. 그는 풍경을 그 자체로 하나의 목적, 즉 '순수한 형태'로 이해했다. 당시 화가들에게 풍경이 본래 지닌 의미 외에 다른 의미를 부여하는 것은 무의미하다고 생각하게 했다. 그는 모든 자연 현상을 '순수한 형태'로 간주했고, 순수한 형태 안에 미적 감정을 자극하는 신비로운 힘이 존재한다고 믿었다.

그가 그린 일련의 '생트빅투아르 산Montagne Sainte-Victoire' 시리즈에서는 인간, 집, 길과 같은 요소가 시간이 지날수록 점차 배제됐으며, 자연의 기하학적 형태만으로 충분한 조형성을 갖췄다. 대상이 스스로 하나의 목적으로 존재할 수 있다는 강한 관심과 이러한 개념의 전승은 대상의 순수한 형태와 창작자 사이를 가로막는 불필요한 요소들을 제거하는 새로운 경향을 만들어냈다.

이러한 형태의 고정화와 순수한 기하학적 부피의 강조는 "변화하는 세계 속에서 불변하는 이미지를 회화가 고정시키는 것"을 가능하게 했으며, 그 결과 세잔은 입체주의만 아니라 순수주의, 절대주의, 그리고 칸딘스키와 같은 추상 미술 운동의 선구자로 여겨지게 됐다.[96] 작가이자 예술비평가, 정치인으로 프랑스 문화성 장관 재직 때 르코르뷔지에의 국장國葬을 주재했던 앙드레 말로André Malraux, 1901~1976는 세잔

평면적인 그림인 폴 고갱의 '노란 그리스도', Buffalo AKG Art Museum 소장

얀 투롭이 그린 '버드나무 두 그루', 1889, Kunstmuseum Den Haag 소장

을 언급하며 "그(이미 수없이 선구자로 여겨진 화가)는 20세기 건축 전체를 예견했다."라고 말했다.[97] 세잔이 후대 미술과 건축에 끼친 지대한 영향을 생각하면 수긍이 가는 평가다.

여기서 우리가 관심을 갖는 본질적인 질문은 세잔 시대 그림들의 새로운 경향이 그들 사이에서 일치하는지, 그리고 그것들이 근대운동 양식의 새로운 경향에 어떻게 작용했는지에 관한 것이다. 예술사가 니콜라우스 펩스너Nikolaus Pevsner, 1902~1983는 1890년대 예술가들이 이전 세대와 구별되는 특징을 요약하면서, 이러한 영향이 건축 및 동시대 장식에 반영된 양상을 다음과 같이 공감이 가게 분석했다.[98]

첫째, 세잔, 폴 고갱Paul Gauguin, 1848~1903, 앙리 루소Henri Rousseau, 1844~1910는 다채로운 표면 효과 대신 완전한 평면성을 믿었다. 페르디난트 호들러Ferdinand Hodler, 1853~1918, 뭉크, 얀 투롭Jan Toorop, 1858~1928은 리드미컬한 선을 강렬한 예술적 표현 수단으로 활용했다.

둘째, 강렬한 색채와 원시적 형태가 섬세한 색조의 풍부함을 대체한다. 구성의 엄격한 체계가 존재하며, 시각적으로 우연적인 회화적 요소의 자유가 강조된다.

셋째, 중요한 것은 현실에 대한 근접성이 아니라 표현성의 모델이다. 자연의 사실을 빠르게 관찰하는 것이 아니라, 이를 완벽하게 추상적 의미의 평면으로 번역하는 것이 중요하다. 예술가의 개인적인 관점에서 이것은 진지함, 종교적 의식, 열정적인 정열을 의미하며, 더 이상 단순한 지적 유희나 기교적 능숙함을 의미하지 않는다. 즉, '예술을 위한 예술'이 아니라, 예술을 예술 자체보다 더 높은 어떤 것을 위해 봉사하는 것으로 보는 것이다.

이렇게 1890년대 화가들의 작품 특성을 근대 건축과 연계시켜 보니 그들의 청년기가 평면적 장식을 추구했던 예술수공예운동 기간과 일치하고, 그들의 말년이 곡선적 모티프에 몰입했던 아르누보 기간이었으며, 기하학적이고 추상적인 건축에 흑백과 원색이 적용되던 20세기 초반의 근대 건축이 준비되고 있었음을 확인할 수 있다.

입체주의와 근대 건축

"오늘날 회화는 다른 예술보다 앞서 있다. 회화는 시대와 가장 조화를 이루는 통일성을 최초로 달성했다."[99]

회화가 건축에 준 영향력을 염두에 두고 화가로도 활동했던 건축가 르코르뷔지에가 한 이 말과는 달리 다수의 역사가는 화가들이 건축가들에게 미친 긍정적인 영향에 별로 동의하지 않았다. 특히 기술에 매료

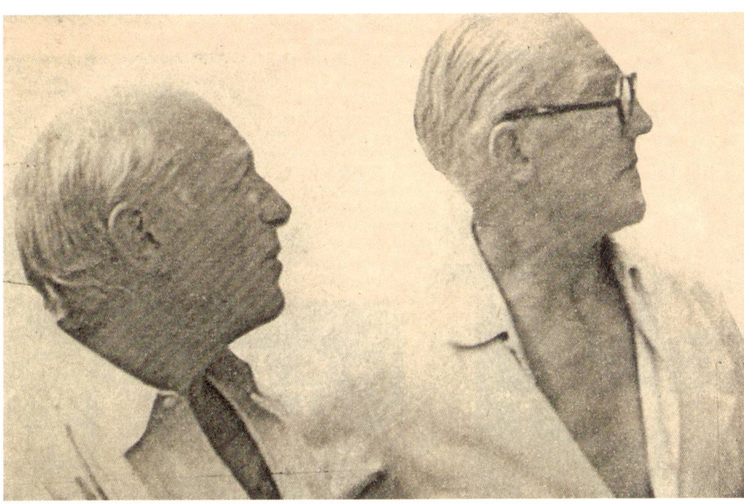

마르세유 위니테 다비타시옹을 방문했을 때의 르코르뷔지에(우)와 파블로 피카소(좌)

된 소비에트 역사가들의 태도가 그러했다. 하지만 인상파 이후 입체주의와 추상화가들이 건축에 미친 영향은 무시될 수 없다.

입체주의가 건축에 미친 영향이 즉각적이지 않았다는 점은 사실이다. 르코르뷔지에의 건축과 도시계획에 대한 급진적인 접근 방식을 흥미롭게 지켜보던 파블로 피카소Pablo Picasso, 1881~1973가 파리에서 먼 지중해변 도시인 마르세유에 완공된 아파트 한 동인 위니테 다비타시옹Unité d'habitation, 1945~1952을 1953년에 방문해 르코르뷔지에로부터 자세한 설명을 들으며 관심을 보였던 것처럼 입체주의 창시 화가들이 건축에 무심하지는 않았지만, 자신의 회화와 건축 사이의 직접적인 관계를 중시하지는 않았다는 점도 잘 알려져 있다.[100] 피카소의 초기 입체주의가 건축에 직접적이고 즉각적인 영향을 미쳤다고 주장하는 것은 과장된 해석일 것이다. 입체주의 회화가 1910년에서 1914년 사이에 존재했다면, 건축가들에게 영향을 미친 시기는 1917~1920년 이후로 볼 수 있다.

이미 널리 알려진 입체주의의 본질이나 화가들이 성취하려 했던 바를 재론할 필요는 없을 것이다. 하지만 여기서 두 가지 점을 명확히 하고자 한다. 첫째, 입체주의 그림이 추상미술로 간주되지는 않았다는 것이다. 입체주의 화가들은 여전히 자연의 사물을 묘사했으며, 그들의 작업은 추상화化보다는 '변형deformation'에 초점을 맞추고 있었다. 그림의 작은 한 부분에서라도 뭔가를 연상시키는 것이 있다면 이미 추상화라 할 수 없다. 둘째, 입체주의 조각가들은 '시공간의 예술'을 창조하지 않았다는 점이다. 고부조high-relief 조각이 회화와 다르게 처음부터 하나의 시점으로 제한될 수 없는 특성을 지니고 있기 때문이다. 반면에 다양한 관점에서 피사체를 묘사한, 즉 여러 위치에서 본 다른 시각의 이미지를 한 화면에 모은 입체주의 그림의 경우 시간의 의미가 포함됐다고 볼 수 있다. 다른 시각을 주는 위치로 가려면 시간이 소요되기 때문이다.

건축과 관련해 입체주의의 중요성은 그것이 미래주의 사상과 관련되면서 근대 건축 형성에 직접적인 영향을 준 데 스틸과 구성주의 운동의 원천이 됐다는 점에서 찾을 수 있다. 입체주의는 3차원 공간의 경계와 가능성에 도전해 회화 분야에서 처음으로 평면적 표면이 공간을 정의하는 실체적 존재임을 강조한 실험이었으며, 이후 건축에서 중요한 의미를 갖게 됐다. 또한, 입체주의는 르코르뷔지에에 의해 순수주의 회화로 진행되면서 건축에 영향을 미쳤다.

건축의 세 가지 기본 요소는 재료, 공간, 빛이다. 전통 건축에서 재료는 가장 중요한 요소였다. 재료는 힘과 무게감을 부여하며, 공간은 두꺼운 벽 속에 가둬졌고, 빛 유입은 제한적이었다. 그러나 입체주의 이후, 건축에서 재료는 단순한 '외피envelope'로 간주되기 시작했다. 건축의 중심은 공간이 되었고, 이어서 자연광이 강조되었다. 결과적으로 건축은 점점 더 비물질성을 지향하게 됐다.[101] 입체주의는 이 세 요소의 중요성

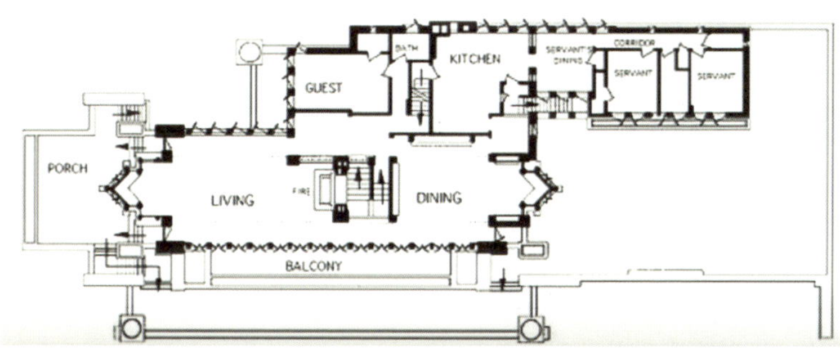

거실과 식당을 포함한 모든 방의 모서리가 열려 있음을 보여주는 로비 하우스의 2층 평면도

로비 하우스 2층의 벽난로. 이 벽난로의 좌우로 뒤편의 계단실, 식당과 부엌 및 방들로 가도록 거실의 두 모서리가 열려 있다.

을 변화시키는 데 공헌했다고 볼 수 있다. 입체주의의 용감한 해체주의적 사고에 의한 개방적 공간 개념은 프랭크 로이드 라이트의 건축과 함께 근대 건축의 주요 특성 중 하나인 개방형 건축open architecture의 실현에 중요한 역할을 하게 된다. 유럽의 20세기 근대 건축에 큰 영향을 미친, 프랭크 로이드 라이트의 70년에 걸친 긴 실무기간 중 초기에 수행한 대초원 주택Prairie House 시리즈는 뒤에서 재론될 로비 하우스Robie House, 1908~1910에서 정점을 맞았다. 라이트가 이 주택의 거실과 식당을 포함한 모든 공간에서 이례적으로 모서리를 틔어 이웃 공간과

다니엘-헨리 카바일러 초상화, 파블로 피카소, 1910, Art Institute of Chicago 소장

연결함으로써 각 실의 단절감과 폐쇄성이 약해지고 유발된 대각선적 공간 확장감 덕분에 개방성과 연속성이 강화된 것은 동시기인 1910년에 그려진 볼라르Vollard의 초상화나 다니엘-헨리 카바일러Daniel-Henry Kahnweiler의 초상화처럼 점점 파편화되어간 일련의 입체주의 회화에서 던져진, 형태(이 경우에는 방)를 보전해야 하는가? 라는 질문과 무관하지 않다.

기계적 이미지의 그림을 그린 페르낭 레제의 구성 '디스크El Disco', 1918

피카소보다 먼저 입체주의 화법의 그림을 그린 조르주 브라크의 정물화 '그릇, 병과 유리잔', 1912

입체주의 화가들 가운데 건축을 새롭게 구상하는 데 관심을 보인 사람은 화가 페르낭 레제Fernand Léger, 1881~1955와 그의 친구로 나중에 입체주의의 형태 해체에 의문을 표하며 순수주의 회화를 주창했던 르코르뷔지에 정도였다. 하지만 세잔이 생트빅투아르 산을 그리며 수행한 연구에 영향을 받은 것이 분명한 입체주의의 선도자 조르주 브라크Georges Braque, 1882~1963와 피카소가 20세기 건축에 미친 영향은 비록 직접적이거나 의도적이지 않았더라도 결코 약하지 않았다. 그들이 대상을 기하학적으로 분석하고 분해하는 방식은 건축이 직선적이고 조각적인

입체파의 다중 시점을 보여주는 '겨자 항아리를 든 여자', 파블로 피카소, 1910, Gemeentemuseum 소장

피카소의 콜라주 작품인 '수즈Suze의 유리잔과 병', 1912, Washington University Gallery of Art 소장

형태, 비정형적 공간 구성 등에 유의하게 했다. 전통적인 원근법이 아닌 입체주의의 다중 시점multiple perspectives과 비정형적 구성은 건축에서 새로운 공간 해석으로 이어져 르코르뷔지에의 경우 건축을 '순수한 형태의 조합'으로 보고, 자유로운 평면과 공간 구성을 실험했다. 입체주의에서 처음 선보인, 다양한 재료를 활용한 콜라주 기법은 건축에서도 콘크리트, 유리, 철재와 그 외의 다양한 재료를 결합해 새로운 질감을 시도하는 데 힘을 실어줬다.

추상예술의 특성과 근대 건축

세잔과 피카소를 거쳐 마침내 러시아 절대주의 화가 말레비치Kazimir Malevich, 1879~1935와 데 스틸 화가 몬드리안의 신조형주의 회화 같은 진정한 추상화가 등장했다. 이 추상회화들의 성립과정과 의미에 대해서는 곧이어 보기로 하고 여기서는 먼저 추상예술과 근대 건축의 관계를 살펴보자. 피터 콜린스가 정리한 추상예술의 특성[102]을 참조하면 추상예술의 이념이 근대 건축가들에게 미친 영향을 식별할 수 있다.

첫째, 추상화는 '탐구research로서의 예술'이라는 점이다. 추상예술은

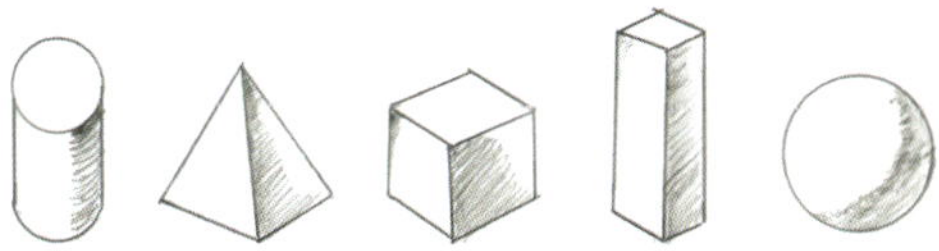

고대 로마 건축에 내재된 기하학적 볼륨을 보여주는 《건축을 향하여》의 삽화를 다시 그린 그림

과학적 탐구의 극적인 측면과 비교될 수 있다. 특히 자연을 해부하고 분석하는 과정에서 세잔의 개념을 받아들였다. 즉, 자연의 형태는 궁극적으로 입방체, 원기둥, 구, 원뿔로 해석될 수 있다는 것이다. 18세기 프랑스 합리주의 건축가인 불레Étienne-Louis Boullée, 1728~1799와 르두 등에 의해 이미 인식된 이런 자세는 세잔 이후의 추상예술에서 재확인됐다. 르코르뷔지에는 저서《건축을 향하여》의 "로마의 교훈" 장에서 세스티우스의 피라미드The pyramid of Cestius, 18~12 BC, 원통형의 콜로세움70~80 AD과

조르주 쇠라의 '그랑드자트섬의 일요일 오후', Art Institute of Chicago 소장

구와 원통형이 만난 판테온118~125 AD의 사진들을 제시하고 고대 로마의 건물들을 그린 스케치 위에 원통, 피라미드, 직각 육면체와 구를 그려 넣어 고대 로마 건축에 내재된 기하학으로 인한 웅혼한 힘의 출처를 드러냈다. 색채지각에 관한 과학적 연구에 기초한 조르주 쇠라Georges Seurat, 1859~1891의 점묘화는 추상화는 아니지만, 탐구로서의 예술 면모를 잘 보여준다. 비개성적인 순수한 색채의 점을 인접해 찍은 그는 '그랑드자트 섬의 일요일 오후Un dimanche après-midi à l'Île de la Grande Jatte, 1884~1886' 같은 몇 점의 대작을 남겼지만, 그 전에 천여 점의 소묘와 습작이 필요했다.

말레비치의 비대상성 회화인 '검은 사각형', 1915, State Russian Museum 소장

말레비치의 '절대주의 추상적 구성', 1915 Ekaterinburg Museum of Fine Arts 소장

둘째, '예술 자체가 목적인 예술'로서의 추상화의 면모다. 건축은 예술 작품으로서의 질과 형식적 요소 사이에 본질적인 구분을 가지지 않는다. 따라서, 건축과 순수예술을 결합하는 과정이 완성된다. 마네의 '피리 부는 소년'에서 시작된, 뭔가를 재현하는 것이 아닌 자체에 독자적 법칙을 가지려는 회화가 세잔을 거쳐 마침내 1913년부터 진정한 추상화 반열에 진입한 말레비치의 절대주의 회화에 이르렀다. 말레비치는 마돈나나 비너스 같은 관습적인 작품을 눈속임이라고 비난하며 자연의 본질을 드러내기 위한 새로운 예술을 모색했다. 그의 비대상성Non-Objectivity 회

화는 먼저 예술가가 작가의 경험을 소통하기 위한 수단으로 사용되는 대상을 '있는 것처럼as they are' 보는 대상의 지각이 이뤄지고, 이어서 모든 대상은 색조tone에 의해 일원화된 후 현상의 변형이 일어나고, 화면에 새로운 질서가 창조되면서 그 결과로 생긴 순수한 회화적 세계인식이 그림이 된다.[103] 즉, 인식을 통해 대상을 초월함으로써 새로운 단계인 비대상성에 도달하고자 한 것인데, 작품 자체가 고유의 가치를 가진 목적이 되는 것이다.

셋째, '근대성modernity의 표현으로서의 예술'이다. 완전한 추상성은 그 시대 정신의 진정한 표현이기 때문에 20세기 예술만의 독점적인 특징이라는 인식이 있었다. 이러한 공감대는 자신의 시대에 부합하는 건축을 만들기 원한 건축가들이 문명의 회화적·조각적 산물로 묘사되는 추상미술의 이념과 형식을 따르게 했다.

넷째, '전위주의avant-gardism로서의 예술'이다. 가장 독창적이고 전위적인 예술이 가장 앞서가는 예술로 여겨졌다. 따라서, 혁신적인 건축가들에게 과거의 표현기법에서 벗어난 독창적인 디자인은 매우 매력적이었다. 그들은 미래 건축을 예고하는 작업을 수행하고자 했다.

다섯째, '순수예술pure art로서의 예술'이다. 추상예술의 핵심 목표는 더 큰 엄격성과 순수성에 도달하는 것이었다. 회화와 조각에서 '순수예술'의 미덕이 강조됐으며, 건축에서도 혁신적인 순수성을 추구하는 것이 특징이 됐다. 어떠한 장식적 요소도 배제되었으며, '순수한 표면'이 강조됐다. 구조적 요소가 존재하더라도, 그것은 균질하게 마감 처리됐다.

칸딘스키와 모홀리나지가 바우하우스에서 교육에 참여한 것처럼, 말레비치가 러시아 절대주의를 거쳐 구성주의 건축 이론을 전개하고, 몬드리안이 데 스틸 운동을 주도했으며, 르코르뷔지에가 회화적 기법을 탐구하며 자신의 건축 이론을 정립한 것처럼, 추상예술의 실험 정신과 전위적 자세는 근대 건축가들을 끊임없이 자극했다.

데 스틸과 질서, 엄격함, 순수성의 교훈

새로운 예술로서의 데 스틸

"표현 수단의 순수성을 요구하는 원칙은 최초로 데 스틸이 제시했으며, 이제는 하나의 사실이 됐다."[104]

《데 스틸》은 1917년부터 1931년까지 네덜란드에서 발행됐던 조형예술 잡지의 이름이다. 소수의 예술가 그룹에 의해 창간됐으나, 점차 발간 취지에 동조한 이들의 집합지가 됐고, 근대 예술의 새로운 방향을 논의하는 장이자 이를 전파하는 매체로 발전했다. 진보적인 예술가들이 이 잡지에 비평, 이론, 선언문과 새로운 작품을 발표했다. 그들의 창작을 가리키는 용어로 Stijl스타일이 자리 잡았으며, '근대 예술 속 네덜란드적 구성 방식'으로 역사에 기록됐다. 데 스틸은 이렇게 근대 추상미술의 한 형태이며, 이를 대표하는 운동이었다.

1918년 《데 스틸》 2호에 실린 선언문은 개인과 우주 사이의 새로운 균형과 아울러 개성이 숭배와 전통의 제약으로부터의 해방을 요구했다.[105] 여기서 중세 가톨릭의 횡포를 극복하고자 한 칼뱅주의적Calvinist 배경 하에서 불변의 법칙을 강조함으로써 개인의 비극을 초월하는 문화를 추구한, 철학자들의 그리스도라고 불린 바뤼흐 스피노자Baruch Spinoza,

1632~1677의 철학적 사고의 영향이 엿보인다. 1912년부터 파리에 머물며 입체주의의 실험에 직면하고 아방가르드 운동에 동참했다가 1914년 잠시 고국 네덜란드로 귀국했으나 제1차 세계대전 발발로 파리로 돌아가지 못한 몬드리안은 크리스토소피Christosophy[106]라는 난해한 철학을 발전시킨 쇤매커스M. H. J. Schoenmaekers, 1875~1944를 1916년까지 여러 차례 만나며 그의 범신론적인 신플라톤주의 철학에 주목했다. 쇤매커스는 저서《새로운 세계의 이미지*Het nieuwe Wereldbeeld*, 1915》와《조형적 수학의 원칙*Beeldende Wiskunde*, 1916》을 통해 자연적 세계를 수학적 구조로 설명했다. 또한 우주론적 의미에 근거해 주요 원색에 의한 수직, 수평의 직각체계에 관한 단서를 제공했다. 몬드리안이 "세 가지 기본 색채는 노랑, 파랑, 빨강이다. 그것들은 실재하는 유일한 색이다. 노랑은 수직적인 광선의 운동이다. 파랑은 노랑과 대조를 이루는 색(수평적인 창공)이다. … 빨강은 노랑을 결합시키는 것이다", "우리들의 지구나 이 지구상의 모든 것의 형상을 만드는 두 가지의 근본적이고 완벽한 반대 명제들은 다음과 같다. 수평적인 힘의 흐름, 즉 태양 주위를 도는 지구의 궤도와 수직적인 흐름, 즉 태양 중심에서 시작되는 광선의 극히 공간적인 운동이 그것이다."라는 쇤매커스의 인식에 동조해 자신의 그림에 반영한 것이다. 이는 데 스틸의 사각형, 삼원색(빨강, 파랑, 노랑), 그리고 비대칭 같은 주요 원칙이 어디에 근거한 것인지를 보여준다.[107] 제1차 세계대전 동안에 강요된 은둔과 묵상이 몬드리안에게 새로운 출발점을 가져다준 것이다. 이런 형이상학적 세계관과 함께 뒤에서 설명될, 베를라허Hendrik Petrus Berlage, 1856~1934와 프랭크 로이드 라이트 같은 선대 건축가들의 영향도 찾을 수 있다.

이 새로운 예술은 전통적인 예술처럼 구체적이거나 서사적이거나 설명적이어서는 안 되었다. 즉, 사물의 세계나 구상적 재현과는 무관하게 앞서 봤던, 스스로 이해될 수 있는 예술이어야 했다. 엄격한 기하학적 형태와 기술적인 구성을 통해 다른 유형의 추상미술과 차별화된 이 네덜란드 예술 운동은 유럽 전역에서 유행한 구성주의와도 밀접하게 연결됐다.

데 스틸의 형식적 합리주의는 매우 체계적인 이념적 요구를 기반으로 했다. 이상적인 새로운 세계는 조형예술의 기본 요소로부터 창조돼야 했다. 데 스틸에게 예술은 선구자의 역할을 해야 했으며, 아직 사회 전체가 도달하지 못한 '이상적 조화 상태'를 구체적으로 실현하는 본보기가 돼야 했다. 따라서 데 스틸은 단순한 예술 양식이 아니라, 초기부터 광범위한 실천을 목표로 삼았다.

신조형주의와 데 스틸 건축

반 두스뷔르흐와 함께 데 스틸 운동을 이끈 몬드리안은 새로운 시대에 걸맞은 예술적 형태를 표현하는 새로운 조형 양식으로서 신조형주의 Neo-Plasticism를 주도해 형태의 기본 요소, 균형, 조화만을 사용한 조형의 가능성을 탐구했다. 데 스틸이 우리말로 신조형주의로 명명되기도 하는 이유다. 학창시절 미술 교재에서 누구나 한 번은 봤을 그림처럼, 수평선과 수직선, 삼원색, 그리고 이들의 조합을 통해 새로운 회화 연구에 매진한 것이다.

'그림 3 계란형 구성', 몬드리안, 1913

몬드리안은 전통적 사실주의에서 출발해 인상파와 대담한 색채와 붓질을

몬드리안이 파리로 오기 전인 1908년에 그린 야수파적인 그림 '빨강, 노랑, 파랑, 초록으로 된 11개의 포플러'

사용하여 활기차고 표현력 있는 그림을 그린 야수파Fauvism를 거치고, 1912년 파리에 와서 경험한 입체주의를 통해 대상을 기본적 형태로 분석하는 방법을 터득하는, 화가로서의 성장 과정을 거쳤다. 그 후 그는 궁극적인 회화를 찾아 앞서 본 쇤매커스의 주장에서 얻은 영감을 바탕으로 우주의 균형 잡힌 구조를 캔버스 위에서 건축적 구조로 변환하려 했다. 거기서 다층의 수평과 수직으로 정렬된 선, 삼원색과 무채색, 그리고 사각형의 면은 회화적 공간을 형성하는 동시에 서로 의존하면서도 단독으로 존재할 수 없는 팽팽하고 역동적인 균형을 표현하고 있다. 그가 캔버스 위에서 '새로운 환경A Certain New Environment'을

몬드리안의 '적 · 청 · 황 구성II', 1930

창조하기를 원한 것이다.

몬드리안의 기하학적 형태와 직각을 기반으로 한 선과 면, 색채를 통한 조화와 균형의 창조 원리는 데 스틸 건축의 기본 원칙이 됐다. 데 스틸에게 건축은 모든 예술을 종합하는 것이었으며, 삶 그 자체에서 비롯돼야 했다. 이 개념은 데 스틸 운동 전체의 변화를 이끌었는데, 데 스틸의 원칙 속에는 보편적인 조화로 성취된 유토피아를 향한 강한 사회 개혁 이념이 자리하고 있었기 때문이다. 바로 위에서 본, 1918년 발표된 데 스틸의 선언문에 실린, "전통, 교조, 개인의 우월성은 새로운 조화를 이루는 데 장애물이 된다."와 "예술과 문화의 개혁을 통해, 이러한 발전을 저해하는 요소들을 제거할 필요가 있다." 같은 문장들은 데 스틸의 사회 개혁 의지를 분명히 드러낸다.[108] 이러한 이념을 실현하기 위해서 데 스틸은 삶과 분리된 회화가 아닌, 삶이 존재하는 건축을 통해 이상을 구현하고자 했다.

신조형주의 이론은 다음과 같다. 첫째, 조형의 수단은 삼원색, 무채색에 의한 평면 또는 사각형이어야 한다. 건축에 있어서 공간이 무채색에 해당하고 재질은 색채로 간주된다. 둘째, 조형 수단의 등가성等價性이 필요하다. 크기와 색채는 차이가 있음에도 불구하고 같은 가치를 가진다. 균형은 일반적으로 무채색의 큰 평면과 색채 또는 재질의 작은 평면 사이에서 이뤄진다. 셋째, 구성할 때의 조형 수단으로 대립적 요소의 이원성이 요구된다. 넷째, 조형 수단을 중성화하고 균형은 조형 수단을 차지하고 있는 균형에 의해 달성되고, 그것은 생생한 리듬을 창조한다. 다섯째, 모든 대칭은 배제돼야 한다. 몬드리안의 빨강·파랑·노랑의 구성 그림들이 왜 그렇게 그려졌는지를 이해하게 하는 대목이다.

로비 하우스의 외관, 프랭크 로이트 라이트

데 스틸 건축의 주요 출발점이자 모델은 미국 건축가 프랭크 로이드 라이트의 작품이었다. 데 스틸 4호에 라이트의 작품으로 앞서 대초원주택 시리즈의 정점으로 소개된 로비 하우스가 평면도 및 투시도로 소개됐으며, 네덜란드의 데 스틸 건축가 야콥스 오우트J. J. P. Oud, 1890~1963가 이를 분석했다.

네덜란드 건축가 로베르트 반트호프Robert van't Hoff, 1887~1971는 미국 여행 중 라이트를 만나고 깊은 감명을 받아 네덜란드 위트레흐트Utrecht 동쪽 소도시에 헨니 주택Villa Henny, Huis ter Heide, 1914~1916을 지었다. 이 주택은 유럽 최초의 철근콘크리트 기둥-슬래브 구조 건축물 중 하나로서 기술적 관점에서 중요한 사건이었다. 여기서 장식 요소는 철저히 배제되고, 면·선·공간이라는 근본적 표현 수단만으로 설계되어 건축과 조각이 하나로 융합된 형태를 이루었다. 뒤에서 다시 거론될 슈뢰더 하우스Schröder House, Utrecht, 1924에서도 확인할 수 있듯이, 이것이 "데 스틸 건축

로베르트 반트호프의 헨니 빌라

은 조형적 순수성에 대한 탐구였으며, 그 자체로 거대한 조각 작품이 되었다."[109]라고 평가받는 이유다.

데 스틸은 또한 아르누보 건축가였다가 1905년 이후 합리주의적 경향을 지속해온 네덜란드 건축가 베를라허의 영향을 받았다. 베를라허는 자신의 저서에서, "벽면의 본질을 강조하기 위해서는 먼저 벽을 노출하고, 그 표면의 매끄러운 아름다움을 드러내야 한다. 벽에 부착된 불필요한 장식은 모두 제거돼야 하며, 그렇게 함으로써 벽은 다시금 자체의 가치를 회복하게 된다. 반면, 지나치게 분절된 표면은

벽의 평탄성이 돋보이는 성 이르지 성당 내부

평탄한 벽돌 벽면으로 내부가 마감된 암스테르담 증권사 내부, 베를라허

이러한 균형을 유지하지 못할 것이다. 그러므로, 건축에서 장식과 장식적인 요소는 필수적인 것이 아니며, 공간 창조와 덩어리 간의 관계야말로 진정으로 중요한 요소다."[110]라고 주장했다.

그가 설계한 암스테르담 증권사Beurs Van Berlage, 1896~1903에서 적벽돌이 정교하게 쌓인 외벽과 노란색에 가까운 내벽은 일체의 돌출부가 없이 평탄성을 보이며 위에서 한 말을 작품으로 증명했다. 내부에서 지붕을 받치는 철제 아치의

암스테르담 증권사의 외벽 디테일

예외적인 평탄성을 보이는 암스테르담 증권사 외관

기단부만 위로 가면서 조금씩 더 돌출되어 있는데, 이것은 구조적 정직성을 드러내는 것이므로 허물이 되지 않는다. 내벽의 난간부에 조금 더 색이 옅은 벽돌이 다른 방식으로 쌓였고 외부 개구부의 상인방이나 출입구 아치 키스톤keystone의 석재는 벽돌과 다른 재질이지만, 모두 동일한 면 상에 있어 특이한 평탄함이 느껴진다. 당시 건물로서는 이례적이라고 할 수 있는 이런 평탄함은 800년 가까운 시차를 둔, 프라하 성내에 있는 성 이르지 성당Bazilika svatého Jiří, 920년경에 설립되고 1142년에 재건 회중석 부분의 내부 벽이 보이는 평탄성을 떠올리게 한다. 바로크 양식의 외관과 달리 이 작은 성당의 내부는 프라하성의 중심부에서 단연 위용을 자랑하는 성 비투스 대성당St. Vitus cathedral, 1344~1923의 정교한 장식성과는 정반대의 간소함으로 또 다른 종교적 경외심을 불러일으킨다.

입체주의나 순수주의 회화와 달리 몬드리안의 신조형주의 회화는 완전한 추상으로, 평면적인 구성과 직선으로 분할된 사각형만으로 이뤄져 있어 자연의 3차원적 대상과의 유사성은 더 이상 감지되지 않았다. 이와 같은 2차원적 특성으로 인해 그의 회화가 건축에 미친 주요한 영향은 새로운 형태의 입면과 평면을 제시하는 것이었다. 특히 수평과 수직의 조합과 재료의 비물질성이 두드러진, 수평과 수직의 철골과 유리 건축으로 표명된 미스 반데어로에의 작품에서 몬드리안의 영향이 뚜렷하다.

몬드리안의 영향은 그보다 훨씬 더 깊이 확장됐는데, 이것은 그가 결성한 데 스틸 그룹과 공유한 신념과 관련이 있다. 그는 자신의 2차원적 회화가 3차원적 실재를 표현한다고 믿었다. 그럼에도 2차원의 표현을 통한 것은 자연이 본질적으로 일련의 평면으로 이루어진 것으로 봐야 한다고 생각했기 때문이다. 따라서 건축적 구성 역시 기존의 전통적인 입면에 의해 연결된 볼륨과 덩어리로 간주하기보다는 유사한 일련의 평면으로 이해해야 한다고 여겼다.

몬드리안은 "건축은 회화가 신조형주의에서 추상적으로 보여준 것을 구체적으로 실현하기만 하면 된다."[111]라고 썼다. 이러한 원칙을 실현한 사례로 오우트의 1924년 작품인, 벽을 하나의 회화적 양식으로 이용해 몬드리안의 색면 구성을 정면 파사드에 옮

드 유니 카페의 외관

훅판홀란트의 연립주택

키프회크 로테르담 주택단지

겨 놓은 드 유니 카페Café De Unie, Rotterdam가 있다. 1918~1919년 로테르담 시를 위한 초기 주택 프로젝트에서 오우트는 자신의 이상을 완전히 실현하지는 못했으나, 향후 발전할 원칙을 보여주었다. 즉, 그림 같은 표현을 지양하고, 수평적 구성을 강조하며, 완전한 단순성을 추구하고, 복잡한 프로젝트에서도 일관성을 유지하려는 노력이 두드러졌다. 이는 결국 의식적인 미학적 원칙 체계의 확립을 예고하는 것이었다.[112] 이런 원칙은 1924~1927년 해안도시 훅판홀란트Hoek van Holland에 건설한 연립주택, 그리고 1925년에 세운 키프회크 로테르담Kiefhoek-Rotterdam 주택단지에서 실현됐다. 데 스틸의 공동 창립자였던 오우트는 "장식이 없는 건축은 건축 표현의 순수성을 극대화할 수 있는 가능성을 제공한다. 따라서 장식은 본질적인 것이 아니라, 단지 내부적 결함을 외적으로 보완하는 역할을 할 뿐이다."[113]라는 사실에도 불구하고 자신의 시대 건축이 장식에 기대고 있다고 경고했다.

오우트는 한동안 베를라허의 제자였다. 이후 프랭크 로이드 라이트의 영향을 받기도 했으나 1917년경부터 두 사람의 영향력에서 점차 벗어나 신조형주의 건축을 의식적으로 추구했고 콘크리트가 새로운 형태 개념을 표현하는 데 적합한 재료라는 점을 깨달았다. 오우트의 프로젝트는 점점 더 단순하면서도 생동감 있고 기하학적인 형태를 띠게 됐다. 그는 추상회화와 건축의 유사성을 통해, 3차원 공간에서 평면이 갖는 미학적 가능성을 이해했는데, 이것은 라이트가 이미 시도했던 것이기도 했다. 또한, 베를라허의 다른 제자들이 사용했던 회화적 표현 방식에 강하게 반발하며, 보다 순수한 비례 체계를 정립하고자 했는데, 이는 마치 고대 그리스 건축에 대한 열정과도 같은 것이었다.

셸 빌딩 외관

셸 빌딩 출입구 상부의 장식 디테일

그러나 오우트가 장식을 완전히 부정한 것은 아니었다. 예를 들어, 헤이그에 지어진 셸 빌딩Shell building, 1938~1942에서는 계단의 난간, 다락 층의 장식 요소, 출입구 상부의 장식 등 몇 가지 장식적 요소를 사용했다. 그는 이에 대해 "이러한 장식은 구조적 결함을 감추기 위한 것이 아니다. 이 건물은 장식 없이도 완벽하게 기능하지만, 장식은 건물의 의미를 강조하는 역할을 한다. … 삶은 장식에 의해 밝아지거나 결정되는 것이 아니다. 장식은 그 자체가 주목받아야 하는 것이 아니라, 삶의 필수 요소에 즐거운 형태를 부여하는 것이다."[114]라고 설명했다. 이 프로젝트의 완성도와는 별개로, 오우트의 선택은 장식을 다시 받아들인 후대 건축가들에게 중요한 원칙으로 여겨졌다.

데 스틸의 열정적인 전파자이자 핵심 이론가였던 반 두스뷔르흐는 "새로운 건축은 반反장식적이어야 한다."[115]라면서 모방과 표면적 장식을 배제하고 새로운 건축을 보다 순수한 형태로 나아가게 해야 한다고 주

오베트 카페 내부, 반 두스뷔르흐

장했다. 그가 건축에서 적용한 색채 또한 장식적인 요소가 아니라 유기적인 표현 수단이었다. 그는 자신의 선언문에서 "우리는 색채가 건축에서 차지하는 진정한 위치를 확립했다. 우리는 건축적 구성이 없이 존재하는 회화(즉, 이젤 회화)는 더 이상 존재할 이유가 없다고 선언한다."[116]라며 회화와 건축의 밀접한 관계를 강조했다. 그가 설계한 오베트 카페Café de l'Aubette, Strasbourg, 1928~1929는 다채로운 색을 사용했지만, 이는 공간을 정의하기 위한 것이었지 장식을 위한 것이 아니었다.

몬드리안은 기계 미학에 깊은 매력을 느꼈다. 그는 재료의 표면이 매끄럽고 광택이 나야 하며, 물질의 육중함을 압도해야 한다고 주장했다.[117] 앞에서 잠깐 거론된 리트펠트는 데 스틸 운동의 정신을 건축에서 가장 잘 구현한 건축가다. 그는 가구 제작자인 부친의 일을 계승해 신조형주의 조각물 같은 가구들을 제작했다. 특히 1917년에 만든 적청

적청의자, 리트벨트, 1917~1920

의자Red and Blue Chair는 중력에 의한 역학관계 표현을 하지 않기 위해 9개의 수직 막대기 위가 아닌 옆에 6개의 수평 막대기가 붙어 있는 총 15개의 직선 요소와 2개의 면으로만 구성됐다. 처음에는 색이 없었는데 1920년 신조형주의 운동의 일원이자 건축가였던 바르트 반 데르레크Bart van der Leck, 1876~1958가 색을 칠해볼 것을 권해 리트벨트는 신조형주의의 색채 규범대로 빨강·노랑·파랑의 3원색과 검은색을 칠했다. 앞서 말한 독특한 구조로 2개의 판과 15개의 막대기는 독립적이면서 개

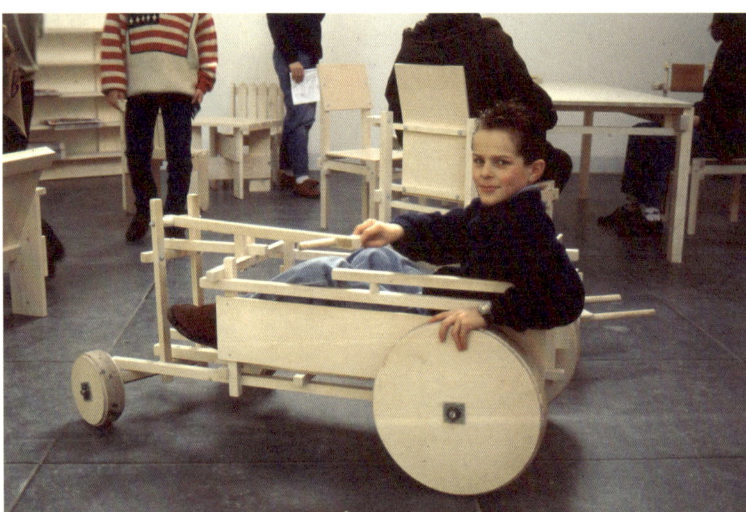

선과 면으로 환원된 리트벨트의 가구들과 어린이용 자전거

념적으로 위와 좌우로 계속 뻗어 나갈 수 있게 되었다. 그가 만든 다른 가구들도 모두 선과 면이라는 기본 요소로 환원되어 아르누보 양식의 행위와 질감이 갖는 표현성으로부터 완전히 해방됐다.

2년간 야간에 건축을 배운 리트벨트는 신조형주의 이론이 그대로 건물이 된 슈뢰더 하우스를 반 두스뷔르흐의 고향인 위트레흐트에 설계했다. 건축주인 슈뢰더 여사는 사망한 남편에게서 유산을 많이 물려받아 부유했지만 데 스틸의 목표에 동조하는 회원으로서 살던 큰 집을 떠나 세 자녀와 함께 리트벨트가 설계한 조촐한 규모의 집으로 옮겨와 살았다. 반 두스뷔르흐가 1924년에 발표한 〈조형적 건축의 열여섯 가지 원칙〉에서 정의했듯이 단순하고 경제적이며 기능적이고, 또한 기념비적이지 않고 역동적이며, 형태에서는 반反입방체적이고 색채에서는 반反장식적이었다.

슈뢰더 하우스 외관, 리트벨트

슈뢰더 하우스 외관, 리트벨트

이 주택의 모서리는 직각으로 꺾이지 않고 특이하게도 한쪽 면이 다른 면보다 더 돌출되어 있어 입면상으로 두 벽면의 한쪽은 입방체의 경계를 넘어 발산한다. 직각 모서리가 유발하는 볼륨감을 의도적으로 깨뜨린 것인데 앞서 본, 건축적 구성이 기존의 전통적인 입면에 의해 연결된 볼륨과 덩어리로 간주하기보다는 유사한 일련의 평면으로 이해해야 한다는 몬드리안의 주장에 동조한 것이다. 이 주택의 실들도 몬드리안 그림의 색면들처럼 중심부에 위치한 계단의 주변을 둘러싸며 팔랑개비처럼 방

슈뢰더 하우스의 2층 칸막이를 다 열었을 때(위)와 닫았을 때(아래)의 평면도

슈뢰더 하우스 2층에서 거실 쪽을 바라본 내부

사되어 벽과 천장으로 꽉 막힌 종래의 공간 개념을 허물어뜨린 채 외부로 무한히 확장된다. 이런 개별 요소의 명확한 분절 방식은 미스 반데어로에에게 깊은 인상을 주었다. 2층의 방들은 모두 천장에 매달린 미닫이 칸막이로 분할될 수도 있고 다 열어 하나의 공간이 될 수도 있다. 기능적으로 분할된 단일 공간이다. 근대 건축의 공간 특성 중 하나인 공간의 융통성 또는 가변성을 성취하는 데 스틸의 방안이다.

건물의 외벽 면은 넓은 창문, 얇은 창틀, 매끈한 콘크리트 면이어서 석조나 벽돌이 주는 물질감이 배제됐다. 투명한 유리창과 콘크리트 면이 요철 없이 단일 표면으로 마무리되어 벽면과 유리가 각각의 물질성을 떠나 추상적 구성 요소로 지각된다. 자연색이 아닌 무채색이나 원색의 색채도 물질성을 약화시킨다. 물질로 이뤄진 입체라기보다는 공간을 구획하는 면들로 이뤄져 있어 공중에 뜬 듯한 부유감마저 느껴진다. 이 역

물질감이 배제된 슈뢰더 하우스 외부 디테일

시 근대 건축의 특성 중 하나인 건물의 중량감 소거를 성취하는 데 스틸의 방안이다. 2층 거실에서 두 면을 면한 모서리 창을 열면 창틀조차 없어 외부로의 대각선적 확장감이 극대화된다. 이 집에 적용된 색채는 분명 장식 목적이 아니라 공간을 정의하는 요소로 활용됐다.

이렇게 신조형주의의 건축 양식 원리는 전체에 걸쳐 분리된 요소들을 역동적인 비대칭으로 배치하는데, 이를 위해 모든 내부의 구석을 가능한 한 많이 터뜨려 열었다. 내부 공간을 구성하고 수정하기 위해 저부조의 채색된 장방형 구역들을 사용했는데, 이때의 원색은 강조와 분리, 후퇴 등의 효과를 가져왔다.

데 스틸의 목표는 사물들이 공간 속에서 개별적으로 존재하는 것을 해체하고, 형태와 공간을 보편적으로 통합된 개념으로 다루는 것이었다. 데 스틸의 주요한 공헌은 철골구조와 철근콘크리트라는 새로운 건축 기술이 가능하게 만든, 매우 얇고 장식적이지 않은 평면들의 미적 가

슈뢰더 하우스 2층 거실 모서리에서 열린 창문

능성을 그래픽적으로 탐구한 데에 있다. 데 스틸 운동의 막대한 영향력은 바우하우스에도 변화를 가져와, 그로피우스는 1920년대 데사우의 바우하우스 신축 교사에서 그 원칙을 반영했다. 또한, 나치의 박해로 미국으로 이주한 몬드리안과 함께, 동일한 이유로 미국으로 건너간 미스 반데어로에는 단순한 직선적·평면적 형태, 깨끗한 선, 순수한 색채 사용, 그리고 내부 벽을 넘어 확장되는 공간 개념에서 매력을 느껴 자신의 건축에 적용하고 미국에도 전파했다.

데 스틸의 이론은 어떤 이들에게는 형식적 어휘였고, 또 다른 이들에게는 철학적·윤리적 사고방식이었다. 그러나 누구에게나 질서, 엄격함, 순수함이라는 중요한 교훈을 제공했다. 데 스틸은 평면성과 기하학적 형태, 단순한 재료에 대한 선호를 널리 퍼뜨렸으며, 장식 숭배를 해체함으로써 전후 건축의 길을 여는 데 크게 공헌했다.

두 근대 건축 거장의 장식에 대한 태도

미스 반데어로에와 "Less is More"

고전주의의 덕목을 지닌 개혁주의자

미스 반데어로에의 성장기를 보면 그가 어떻게 대표적인 미니멀 건축가가 됐나 싶다. 1886년 독일의 아헨에서 태어난 그는 정식으로 건축 교육을 받은 적이 없다. 미스의 직업에 대한 첫 관심과 그의 경력 초기의 특징 중 하나인 장인적 기술은 석공이자 석재 조각가였던 부친의 작업장에서 일을 도우면서 비롯됐다. 그는 베를린으로 이주해 건축가이자 인테리어 디자이너인 브루노 파울Bruno Paul, 1874~1968의 사무실에서 제도공으로 일하기 전까지 고향에서 예술품 수집가이자 역사가 막스 피셔Max Fisher, 1893~1954와 함께 작업하면서 그를 위해 치장벽토 장식stucco decorations을 만드는 등 고향의 여러 디자인 회사에서 일하면서 훗날 그의 작업에서 훌륭한 세공을 가능케 한 자유로운 손을 키워나갔다. 미스는 자신이 루이 14세 양식의 장식을 제작하기 위해 실물 크기의 도안을 그리는 데 아침 시간을 다 보냈으며, 오후에는 르네상스 양식의 세밀한 디테일을 연구하는 데 전념했던 시간을 끔찍한 기억으로 회상하곤 했다. 그는 곧 정교한 장식 문양을 보지 않고도 그릴 수 있는 경지에 이르러 동료들의 감탄을 자아내게 했다.[118]

1908년, 미스는 베를린에서 새롭게 설립된 페터 베렌스의 사무소에 들어갔다. 이곳은 당시 AEG 전기회사를 위한 총체적 건축 양식을 개발하는 중이었다. 1911년까지 베렌스와 함께한 3년은 건축가로서 그의 성장에 큰 영향을 미쳤다. 미스는 여기서 철강 구조에 대한 지식과 함께 건축가와 산업가의 협업 개념을 배웠고, 카를 프리드리히 싱켈Karl Friedrich Schinkel, 1781~1841의 고전주의적 감각을 익혔다. 싱켈의 대표 작품인 베를린 구舊 박물관Altes Museum, 1823~1830의 정면 모습이 그러하듯 기술적으로 현대적이면서도 고전적 엄격함을 띠는 건축, 형태의 순수함, 비례의 완벽함, 디테일의 우아함, 그리고 표현의 품격 같은 요소들은 미스의 건축이 발전하는 토대가 됐다. 그는 베렌스가 설계해 상트페테르

베를린 구舊 박물관의 정면

페터 베렌스의 독일 대사관 건물

부르크에 건립된 독일 대사관 건물1911~1912 공사의 현장감독으로 일하면서 베렌스의 신고전주의적 작업도 체험했다.

이런 미스의 성장기를 보면 19세기에 창궐했던 신고전주의를 몰아낸 근대 건축의 거장인 그가 어릴 때 체험한 고전주의의 덕목을 새로운 건축에서도 견지할 수 있었던 정황을 알 수 있다. 폴란드 건축가, 미학자, 예술사가인 타타르키비츠W. Tatarkiewicz, 1886~1980는 '고전적'이라는 말을 시나 예술의 경우 매우 탁월하고 겨룰 만한 가치가 있으며 널리 인식됐다는 것과 동일한 의미, '고대의'와 같은 의미, 고대의 모델을 모방해 닮음을 의미, 예술과 문학이 의무적인 규칙에 순응한다는 의미, 이미 확립된, 표준의, 인정된, 규칙적인 등과 같은 의미, 조화, 자제, 균형, 근엄 등과 같은 성질을 소유한다는 의미 등 여섯 가지의 의미로 풀이했다.[119] 여기서도 알 수 있듯이 '고전적'이라는 개념은 어느 특정 시기를 지칭하는 역사적인 개념이기도 하면서 그 안에 들어있는 가치를 시대를 초월해 중시하는 것을 뜻하기도 한다. 건축에서는 일반적으로 건립 시기를 불문하고 고대 그리스나 로마 건축을 직간접적으로 참조한 경우나 플라톤적인 '고귀한 단순과 고요한 위대edle Einfalt und stille Grösse'를 추구하는 경향을 고전적이라고 한다. 영국 건축사가 존 섬머슨John Summerson, 1904~1992은 저서 《건축의 고전 언어*The Classical Language of Architecture*》에서 건축의 고전성을 언급하며 전자의 경우를 강조했다. 즉 고대 그리스와 로마 시대에 근원을 둔 장식적인 요소들을 고대 세계의 건축적 어휘로부터 직간접으로 따온, 특히 고대의 오더에 대한 어떤 인유를 포함하고 있으며 비례 추구를 통해 구조물 전체에 걸친 조화를 중시하는 건축이라고 명시했다.[120]

고전적 또는 고전성에 대한 이런 정의를 봤을 때 미스는 과거 건축의 장식 디테일에 정통해 직간접적으로 인용할 수 있는 능력을 지녔을 뿐 아니라 플라톤적인 '고귀한 단순과 고요한 위대'를 추구하며 섬머슨이 고전적 건축의 목적이라고 말한, 여러 부분 간의 분명한 조화를 성취하는 데에도[121] 일가견이 있는 고전주의자로서의 면모를 갖췄음을 알 수 있다. 다음에 볼 르코르뷔지에의 경우도 그러하듯이 제대로 개혁하려면 기존의 전통에 정통해야 함을 보여준다. 칸딘스키가 당시 젊은 화가들이 구상화도 잘 그리지 못하면서 너나없이 추상화로 뛰어드는 세태를 개탄한 이유도 거기에 있었다. 그래서는 추상화를 제대로 그릴 수 없기 때문이다.

이렇게 기존에 정통함으로써 진정한 개혁자가 될 수 있는 자질을 구축한 미스가 예비 건축가로서의 수습 기간 후 나치의 핍박을 피해 1938년 미국으로 떠나기 전까지 유럽에서의 경력은 두 개의 시기로 뚜렷하게 구별된다.

첫 번째 시기에 미스는 고전주의에 매우 숙련된 장인으로서 무테지우스, 베를라허, 그리고 무엇보다도 싱켈과 베렌스 사무소의 건축 스타일에 영향을 받은 엄격하고 단순한 신고전주의적 양식으로 건축을 설계했다. 경력 초기부터 고전주의에서 근대주의로 넘어가던 과도기에 활동한 엘리트 건축가들의 영향을 폭넓게 흡수한 것이다. 이렇게 선순환을 거듭하는 것 같은 그의 인생에 예기치 않았던 난관이 닥쳤다.

비록 베를라허가 제안한 계획안이 최종 선정되어 건립되지는 못했지만, 싱켈의 영향을 확연히 드러내며 미스가 1912년에 자긍심을 갖고 수립했던 크뢸러 뮐러 주택Kröller-Müller House 계획안이 1919년 그로피우스가 기획한 '무명 건축가들을 위한 전시회'에서 거부된 것이다. 그로피우스는 그 이유로 "우리는 완전히 다른 뭔가를 찾고 있다. 그래서 (미스의 출품작을) 전시할 수 없다."[122]라고 말했다. 상자형의 외관이지만 미스가 석재 마감을 손수 그린, 열주列柱가 있는 계획안을 받아들일 수 없었던 것이다. 세 살 연상으로 베렌스의 사무실에서 모더니즘 건축의 길을 함께 했던 선배인 그로피우스에 의한 이 배격은 당시 자신만만했던 미스에게

크뢸러 뮐러 하우스 계획안, 미스 반데어로에, 1912

큰 충격이었다.

이 사건을 계기로 미스는 환골탈태해 새로운 실험과 성취의 두 번째 시기를 맞았다. 1921년 20층 높이의 프리드리히가街 오피스 빌딩Friedrichstrasse Office Building, Berlin과 1922년 30층 높이의 유리 마천루Glass Skyscraper를 철골구조로 계획하고 유리로 감싸면서 새로운 시대의 가능성을 모색했다. 구조와 재료에서의 파격도 그렇지만 날카로운 예각이거나 곡면의 모서리는 지역성을 배제하고 독일적인 양식으로 기능할 수 있는 유일한 표현 양식을 정의하고자 한 독일 표현주의 건축의 영향도 드러냈다. 표현주의의 대표 건축가인 멘델존은 이 계획안들 직전에 아인슈타인의 상대성 세계의 기본 원리와 연관되어 강력한 곡선과 불규칙성을 이용해 위대한 과학자에 의해 정의된 동적인 우주의 상징적 표현이 되고자 한, 대형 망원경과 분광 장비를 갖춘 채 애초에는 아인슈타인의 상대성 이론을 검증하기 위한 목적으로 설계된 천문대로 곡벽을 지닌 아인슈타인 타워

프리드리히가街 오피스 빌딩 계획안 투시도, 미스 반데어로에

유리 마천루 계획안 모형 사진, 미스 반데어로에

아인슈타인 타워, 포츠담, 에리히 멘델존

철근콘크리트 오피스 빌딩 계획안, 미스 반데어로에

Einsteinturm, Potsdam, 1920~1921를 계획하고 완공시켰었다.

미스가 연이어 발표한 철근콘크리트 오피스 빌딩Reinforced-concrete Office Building, 1922~1923 계획안은 필로티pilotis[123]와 르코르뷔지에의 자유로운 평면plan libre[124]을 연상시키는, 격자형 배치로 놓인 기둥으로 받쳐진 콘크리트 라멘 구조로서 모든 층이 긴 수평창fenêtre en longueur으로 열리고 평지붕으로 옥상테라스toit-terrasse까지 가능해 르코르뷔지에가 1929년에야 최종 정리한 '새로운 건축의 다섯 가지 요점Les cinq points d'une architecture nouvelle'[125] 중 네 가지가 이미 제시됐다. 이 건물의 모서리는 위로 올라갈수록 조금씩 더 돌출해 밑에서 봤을 때 건물이 위로 갈수록 뒤로 물러나 보이는 것을 보정했다.

이 시기에 미스는 1920년대 다수의 독일 건축가가 수공예적 특성과 무게와 거친 질감으로 기계시대에 어울리지 않는다며 사용을 꺼린 벽돌의 가능성을 믿었다. 그가 평생 존경하며, 고전주의 또는 역사적 양식과는 전혀 상관없이 스스로 지닌 구조의 정수까지 정성을 들인, 진실

랑어Lange 주택, 미스 반데어로에, Krefeld, 1928~1930

로 모던한 건물로 생각한 암스테르담 증권거래소[126]를 설계한 베를라허의 영향으로 벽돌이 숨길 필요 없는 구조적 재료라는 점을 높이 평가한 것이다. 벽돌로 계획한 이때의 전원주택 계획안들은 그가 프랭크 로이드 라이트의 로비 하우스와 데 스틸의 원칙에 깊이 공감했음을 보여준다. 벽돌 벽들은 L자형과 T자형으로 배치되어 비대칭적 균형과 공간적 긴장감을 조성했다. 벽의 형태와 배치는 평면을 결정짓는 요소가 됐다. 그의 고전주의적 성향과 근대주의적 발상이 긍정적으로 교접한 것이다. 비록 재료는 달라졌지만, 이때의 실험이 20세기 건축의 걸작 중 하나인, 뒤에서 재론될 바르셀로나 국제박람회를 위한 독일관Pavillon Allemand, 1928~1929이 탄생할 수 있는 바탕이 됐다.

1930년, 미스는 바우하우스의 세 번째이자 마지막 교장이 됐다. 1919년 전시회에서 미스를 내쳤던, 초대 교장 자리를 물러났으나 바우

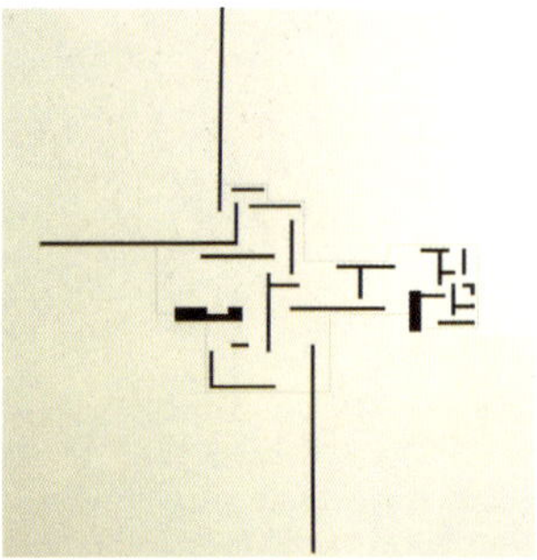

각 공간의 모서리 부분이 열린, 벽돌로 지은 전원주택 평면도, 미스 반데어로에

'러시아 춤의 리듬Rhythm of Russian Dance' 반 두스뷔르흐, 1918. 미스의 전원주택 평면도처럼 모서리가 열려 있다. Museum of Modern Art 소장

하우스에 여전한 영향력을 행사했던 그로피우스가 미스의 설계로 1년 전에 완공되어 전 세계의 이목을 끌었던 바르셀로나 독일관을 보고서는 그를 인정하지 않을 수 없었을 것이다. 그러나 좌파들의 온상으로 알려진 바우하우스는 데사우시市 권력을 장악한 극우파의 압력으로 인해 1932년에 폐쇄됐고, 이후 미스는 베를린에서 사립 교육기관으로 몇 개월 동안 학교를 운영했으나 결국 비밀국가경찰Gestapo과 돌격대SA의 방해로 문을 닫았다.

미스의 경력 후반부는 50대 초반에 이주한 미국에서 전개됐다. 명성에 비해 준공된 건물이 몇 개 없던 첫 번째 시기와 달리 이 시기에는 광범위한 건축 활동이 펼쳐졌다. 그는 시카고에 있는 아모르 공과대학Armour Institute의 건축학과장으로 임명됐다. 미스는 곧 교명이 일리노이 공과대학교Illinois Institute of Technology, IIT로 바뀐 이 대학에서 두 세대에 걸친 미국 건축가들을 교육했다. 그는 미국에서도 전통을 기반으로 한 아카데믹한 교육을 제공하기보다는 바우하우스에서처럼 장인적 방식으로 비례와 균형의 감각, 그리고 기술적 활용 방식을 가르쳤다.

단순화로의 귀결

미스의 사상은 잘 알려진 대로 구축의 원리에 기반을 두고 있다. 그의 건축이 절대적인 구조적 명료성으로 나타나는 이유다. 건축이 구조를 기반으로 해야 한다는 요구는 미스 이전부터 있었다. 실제로 비올레르뒤크는 1872년 저서《건축에 관한 대담*Entretiens sur l'architecture*》에서 건축에 대한 자신의 견해를 구체화하며, 시대적 방법에서 파생된 재료의 정직하고 적절한 표현을 요구했다. 그는 미적 효과를 단순한 유행으로 보지 않았으며, 잘 연구된 구조의 결과물로 봤다. 그에게 구조에 의해 규정되지 않은 모든 형식은 배제되어야 했다.

미스의 후기 건축이라면 선입관처럼 떠오르는 특정 이미지가 있지만,

일리노이 공과대학교 전경

정작 그는 임의적인 형태를 창조하는 것에 관심이 없었으며, 역사적 모티프를 차용하거나 건축 자체에 의해 정당화되지 않는 현대적 형태를 만드는 것을 거부했다. 그는 건축가는 오직 구조에서 비롯된 효과만을 추구해야 한다고 생각했다. "우리는 형식의 문제를 인정하지 않는다. 우리는 오직 구조의 문제만을 받아들인다. 형식은 우리의 목표가 아니라 단지 결과일 뿐이다. 형식 자체는 존재하지 않는다. 형식을 목표로 삼는 것은 형식주의이며, 우리는 이를 거부한다. … 본질적으로 우리의 과제는 건축을 미학적 관찰자들의 통제에서 해방시키고, 그것을 본래의 자리인 순수한 구조로 되돌리는 것이다."[127]라는 그의 언급이 이 점을 명확히 한다.

따라서 미스는 건축가가 자신의 취향을 따라 자의적인 작품을 만들어 즐길 수 있는 시대에 살고 있지 않다고 여기고, 개인적인 사변思辨을 거부했다. 그의 관점에서 보면, 모든 개인적인 표현은 배제돼야 하며, 오직 시대의 표현만이 남아야 했다. 그는 "건축이 특정한 시대나 영원성에 얽매이지 않으며, 그 시대를 반영할 때에만 진정성을 가진다."라고 믿었다.[128] 그가 기술과 건축의 관계를 철저한 이성과 객관성으로 탐구했음을 알 수 있는 대목이다. 객관성이란 한계를 의미하며 동시에 비개인적이고 보편적이며 추상적인 형태를 암시한다. 그는 개인적인 표현보다는 사용된 구조와 재료의 특성을 드러내는 데 집중했다.

때때로 미스는 건축가라면 당연히 여길, 공간과 기능의 결합마저 뒤로 미루고 구조 자체를 우선시했다. 그에게 건물의 구조가 기능보다 더 중요했기 때문이다. 그의 생각에 따르면, 구조는 건물이 서 있는 동안에 지속되는 반면에 용도는 변할 수 있었다. 이런 이유로 자칫 그가 건축에

시그램 빌딩, 미스 반데어로에

신新국립미술관 외관, 미스 반데어로에

서 기능을 소홀히 여겼다고 오해받을 수 있지만, 그는 오히려 기능주의를 극한까지 밀어붙이며 건축적 순수성에 도달하고자 했다. 그는 "건축은 기능적 고려에서 벗어날 수 없으며, 형태는 항상 단순해야 한다. 그러나 건축은 여러 단계의 가치 축적을 통해 정신적 존재의 최고 수준, 즉 순수예술의 영역에 이를 수 있다."[129]라고 생각했다.

미스에게 순수예술의 영역이란 바로 순수한 아름다움의 세계였다. 그는 건축의 아름다움이 단순히 기능을 초월하는 것임을 이해했다. 여기서 뒤에서 거론될, '형언할 수 없는 공간l'espace indicible'을 통해 감동으로서의 건축을 추구하며 건축의 궁극을 찾아 나선 르코르뷔지에의 행로를 떠올리게 하는 구도자의 자세가 엿보인다. 건축이 지속성을 가지려면 새로운 기능에 적응할 수 있어야 한다. 따라서 미스가 모색한 기능적 이데올로기의 궁극적인 도달점은 어떠한 특정 기능에도 종속되지 않는 건축이 가장 기능적인 건축이라는 것이었다. 이것이 미스가 주창한 '보편적 공간Universal Space' 개념이다. 그가 뉴욕 맨해튼에 세운 시그

신新국립미술관 내부, 미스 반데어로에

램 빌딩Seagram Building, 1956~1958과 베를린에 건립한 신新국립미술관Neue Nationalgalerie, 1963~1968 등 후기 작품들 대부분에서 볼 수 있듯이, 다양한 용도로 사용할 수 있는 공간의 유연성과 개방성이 극대화된 건축이 가능하게 된 것이다.

이렇게 미스가 시간이 지나면서 기능이 변화할지라도 건축에서 변하지 않는 것이 있다고 보고 건축을 구조와 기술을 통해 탐구하면서 태어난 것이 순수한 구조미였다. 이런 구조미는 단순성과 명료성을 바탕으로, 디테일과 비례의 조화를 통해 구현됐다. 이것이 바로 그가 추구한, 불필요한 장식을 배제하고 본질적인 요소만 남은 순수한 형태와 공간의 아름다움이며, 덜어낼수록 더 많은 것을 전달할 수 있다는 'Less is More'의 진정한 의미다. 그는 바르셀로나 독일관과 판스워스 하우스Farnsworth House, 1950~1951 같은 예에서처럼 투명한 유리, 강철 구조, 간결한 선과 면을 통해 이 철학을 실현했다. 순수한 구조미를 발현하는 데에는 누구나 감탄하게 되는, 미스의 건축을 구성하는 표면의 명료함이 필연

바르셀로나 독일관, 미스 반데어로에

판스워스 하우스, 미스 반데어로에

적이다. 이것에는 과거의 엄격한 건축 양식, 예를 들어 도릭식 질서에서 찾아볼 수 있는 규칙성과 정밀함이 반영되어 있으며, 이를 통해 대중은 건축이 제공하는 가장 순수한 예술적 기쁨을 경험하게 된다.

"Less is More"는 미스가 50년 동안 신봉한 신조였다. 강렬한 감정이 단순함에서 비롯된다고 말하듯이, 예술의 목적이 단순화는 아닐지라도, 사물의 진정한 의미에 다가갈수록 단순함에 이를 수 있다. 미스가 연구한 것은 바로 구조와 단순한 재료였다. 그가 50년 동안 추구한 철강과 유리의 건축은 본질적인 단순함 속에서 빛을 발한다.

정밀한 디테일과 물성의 차이로 받쳐진 건축

건축에서 장식의 여러 역할 중 대표적인 것이 미적 효과일 것이다. 미스 반데어로에의 작품이 지닌 아름다움은 무엇보다 간소함에 있다. 면面적 요소로서의 수평판과 (투명하거나 반투명하거나 불투명한) 수직판, 선線적 요

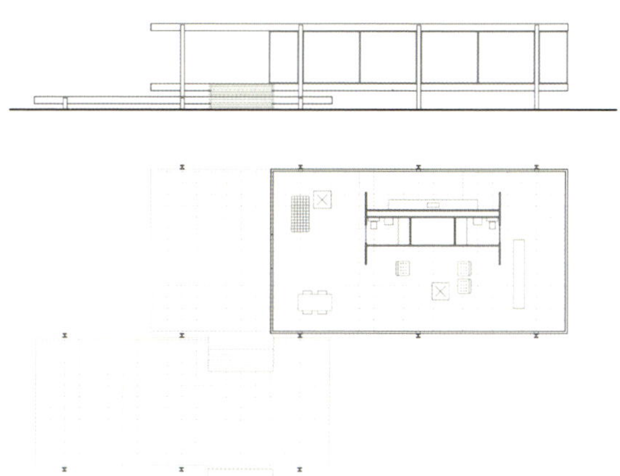

판스워스 하우스의 종단면도와 평면도

바르셀로나 독일관의 내부

소로서의 기둥 같은 기본적인 요소들만으로 순수한 형태와 공간의 아름다움을 성취함으로써 건축이 이르기 쉽지 않은 단순미로 충족되어 다른 부가적 아름다움을 덧붙일 필요가 없게 한다.

수평판으로 하나의 바닥과 별개로 있는 두 개의 지붕, 수직판으로 일자형 세 개와 ㄷ자형으로 꺾인 두 개의 불투명한 면과 투명하거나 반투명한 유리, 단면이 +형인 8개의 기둥으로 구성된 바르셀로나 독일관과, 수평판으로 두 개의 바닥과 하나의 지붕, 한 개의 ㄷ자형 코어와 8개의 I형강 기둥과 본체를 둘러싼 투명 유리만으로 구성된 판스워스 하우스는 건축으로서 더 감할 수 없는 최소한의 요소로 구성됐다. 그러면서도 내부와 외부의 완벽한 소통과 흐르는 공간의 절정을 구가하는 동시에 내부에 필요한 안정감도 확보했다. 이런 장점에 대한 자세한 설명은 여기서 생략되지만, 이런 역설적인 공간성은 분명한 사실이다. 여기서 지붕인 긴 수평판은 공간 속에서 잠잠히 부유하며 유리로 둘러싸인 하부에 잠

판스워스 하우스의 내부

재적 내부성을 부여한다. 판스워스 하우스에서 들어 올려진 세 개의 흰 수평판은 수직적인 주변 녹색 나무들 사이에서 평정함 그 자체다.

미스의 여러 후기 작품들에 '보편적 공간' 개념이 적용된 유리 상자형의 건물들에도 나타나는 이런 단순미와 절제미는 거의 완벽한 디테일을 필요로 한다. "최고의 건축과 최고의 회화 모두 완벽한 끝마무리를 특징으로 한다."[130]라는 존 러스킨의 주장과 상응한다. 과거 건축과 비교해 현대 건축에서 디테일은 개수와 다양함에서 현격히 적지만 그 존재 의미는 배가된다. 미스가 좋아했던, "신은 디테일 안에 있다.God is in the details."라는 말에서 볼 수 있듯이, 그는 단순하고 비례적인 아름다움을 실현하기 위해 디테일에 각별한 주의를 기울였다. 디테일은 부차적인 문제로 여겨질 수도 있지만, 단순한 표면적 고려 이상의 것이 요구된다. 고대-고전 시대와 고딕 건축의 기둥과 프리즈frieze[131]가 그랬던 것처럼, 미스는 좋은 디테일로 장식의 욕구를 충족시킬 수 있음을 보여줬다.

정밀한 디테일과 함께 미스 반데어로에가 자신의 건축에서 사라진 장식의 빈자리가 느껴지지 않게 한 또 하나의 방도가 물성의 차이다. 디테일과 물성의 차이를 함께 거론하는 것은 이 두 가지가 흔히 동시적으로 발현하기 때문이다. 《공간을 감각하는 재료들》이라는 어느 책 제목처럼 물성을 드러내는 재료는 건축의 내부와 외관을 구성하는 도구 역할 이상으로 감각적 경험과 공간의 가치를 형성하는 데 중요한 역할을 한다. 건축이 재료와 그것을 활용하는 구법과 공법으로 공간의 분위기를 형성하고, 건축의 의도를 전달하며, 궁극적으로 사람의 경험과 연결을 시도하기 때문이다.[132]

변형된 몬드리안 그림을 닮은 바르셀로나 독일관의 바닥은 육상 석회암의 일종인 트래버틴travertine 판석인데 이곳에 있는, 하나는 바닥에 조약돌이 깔려 있고 다른 하나는 벽 재료 중 하나인 녹색 티노스Tinos 대리석이 깔린 풀pool의 얕은 수면水面과 전시장 내부 일부분에 깔린 검은

바르셀로나 독일관의 내부

카펫과 함께 서로 다른 물성과 질감을 준다. 전시장의 벽체는 황금색의 오닉스Onyx 대리석과 녹색 티노스 대리석 및 투명한 유리와 반투명한 유리로 만들어져 있는데, 특히 중앙부를 차지한, 엄정한 선택을 거쳐 어렵게 얻은 오닉스 대리석의 아름다운 색감과 무늬는 그곳에 다른 장식을 추가하거나 별도의 그림 하나도 걸 필요가 없게 한다. 줄마노 또는 호마노로 번역되는 이 오닉스 대리석이 구약성경의 창세기 2장 12절에 에덴동산에서 흘러나가는 네 강 중 첫 번째 강가에 순금과 함께 이미 있었고, 출애굽기 25장 7절에 여호와가 모세에게 이스라엘 자손에게 명령하여 가져오게 할 예물 중 유일한 석재로 적혀 있고, 같은 책에서 모세의 형 아론이 제사장직을 행할 때 입을 예복인 에봇의 어깨받이에 이스라엘 아들들의 이름을 새겨 붙일 보석들 중 하나로 다섯 번이나 더 적혀 있는 것으로 봐서 이 돌의 귀함과 아름다움은 고대부터 알려진 듯하다. "건축물의 진정한 색깔은 천연석의 색깔이고 나는 이 색깔들이 최대한으로 활용되는 것을

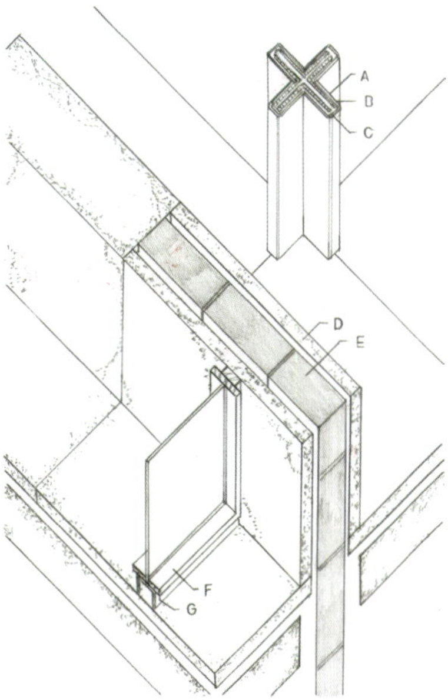

바르셀로나 독일관의 디테일

A. 크롬 도금된 판금 기둥 덮개.
B. 구조용 기둥: 네 개의 압연 강재 앵글을 볼트로 연결한 구조.
C. 크롬 도금된 판금 덮개, 기계 나사로 고정됨(미스의 작업에서 드물게 노출된 패스너가 사용된 예시).
D. 대리석 마감. 대리석은 비용 절감을 위해 가능한 한 얇게 제작됨. 끝부분 조각만 고형이며, 전체 벽은 일체형처럼 보이도록 구성됨.
E. 벽체 중심부는 벽돌 또는 콘크리트 블록 구조.
F. 청동 유리 멈춤쇠, 기계 나사로 기초에 고정됨.
G. 창틀 기초, 두 개의 구조용 강재 앵글로 제작되며, 그 위에 청동판을 덧댐.

보고 싶다."[133]는 존 러스킨의 바람이 여기서 이뤄졌다. 재료의 정직성까지 살렸으니 금상첨화다.

이같이 대리석, 트래버틴, 투명하거나 반투명한 유리가 조합되어 미니멀한 구조 속에서도 재료의 조화가 풍부한 감각적 경험을 제공한다. 크롬 도금된 세장細長한 기둥은 지붕 하중을 떠맡고 있는 것을 부정하는 듯 가볍고 떠 있는 듯한 느낌을 주며, 구조와 디자인의 완벽한 결합을 보여준다. 이곳에서 바닥과 벽이 정밀한 맞물림으로 정교하게 맞아떨어져 디테일에 정성을 들였음을 느끼게 한다. 독일관의 물 한쪽 구석에 서 있는, 당대 독일을 대표하는 인물 조각가 콜베Georg Kolbe, 1877~1947의 자연주의적 나상裸像 '아침Der Morgen'은 배경이 되는 대리석 벽과 하늘과 수면과 전혀 다른 성격을 보유하면서 디자인의 중요 부분이 되어 방문객에게 이 건물의 가장 큰 공간 특성인 대각선적 확장을 유발하는, 대각선적 시선 끌기라는 공간적 역할을 수행한다.[134]

바르셀로나 독일관 내부로 진입 시 대각선으로 보이는 콜베 조각상

판스워스 하우스에서도 역시 트래버틴 판석이 깔린 바닥과 천장이 가느다란 강철 프레임과 유리로 이어지며, 실내와 자연 경계가 흐려지는 투명성의 극치를 보여준다. 바닥 슬래브는 구조가 땅에 닿아 있지 않고 부유하는 가벼운 인상을 준다. 기둥과 빔이 구조적 역할을 하면서도 간결한 조형미를 유지하도록 노출 디테일이 섬세하게 처리됐다. 중력을 부정하는 듯 수평 빔을 기둥 위가 아닌 기둥 옆에 붙임으로써 리트벨트의 적청 의자의 선과 면적 요소들이 그랬던 것처럼 지붕과 기둥의 자율성이 확보되어 상호 간의 간섭 없이 수평과 수직으로 끝없이 발산될 수 있다.

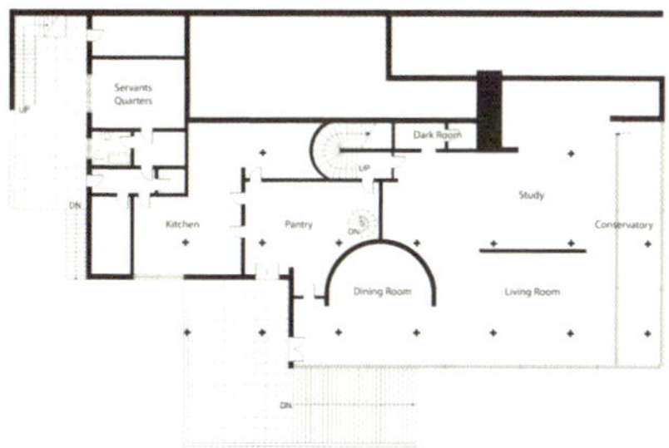

투겐타트 주택 1층 평면도

미스 반데어로에는 바르셀로나 독일관과 거의 같은 시기에 지은 투

투겐타트 주택 진입부

투겐타트 주택의 입구홀에서 1층으로 내려가는 계단

겐타트 주택Villa Tugendhat, Brno, 1928~1930의 아래층 거실 공간에 독일관의 공간 구성 방식을 적용하면서 공간과 구조에 대한 자신의 아이디어를 실용적이고도 시적인 방식으로 적용했다. 이 주택의 낮 공간에서는 전통적인 '방'과 '기능'이라는 개념은 더 이상 유효하지 않으며, '공간'과 '기능성'이 새로운 의미를 갖게 됐다. 전면을 향해 급격하게 경사진 부지에 세워진 이 주택은 도로 레벨인 뒤편 2층에서 진입한다. 계단을 감싸는 곡선형 반투명 유리 벽은 입구 홀에 빛을 제공한다. 입구에는 단순하지만 독립된 청동 기둥, 청동 창틀, 유리의 반사 표면, 트래버틴 포장 패턴, 얇

투겐타트 주택의 거실. 좌측이 서재

은 지붕 마감, 우아한 난간, 자라는 식물 등의 고급스러운 장식 요소가 있다. 내부에서도 서재와 응접실을 구분하는 황금빛 오닉스 대리석 벽과 곡선형 흑단을 볼 수 있다. 서재에서 책을 꽂아 두는 선반은 벽의 가장 훌륭한 장식이다. 황갈색, 밝은 다갈색, 녹색, 진주색, 백색과 흑색 등으로 이뤄진 차분한 색채계획은 오닉스 대리석과 마카사르산 목재의 풍부함, 크롬기둥과 판유리의 광택을 강조한다.

투겐타트 주택의 거실. 맞은편에 원형 식탁을 둘러싼 반원형 목재 칸막이가 보인다.

나무와 덩굴 식물도 현대 건축에서 장식 요소로 작용한다. 미스가 벽돌로 지은 상자형 랑어 주택Lange Haus, Krefeld, 1928의 테라스가 자연스럽

투겐타트 주택의 서재

강철 프로파일이 외부에 노출되어 있고 담쟁이가 있는 일리노이 공과대학교의 동문 기념관

게 식수된 지면과 대비되는 것처럼, 자연환경은 건축가들에 의해서 창조된 인공적 가치를 강조하는 대비물이며, 동시에 배경이 된다. 일리노이 공과대학교의 학교 건물 벽면에 자라는 덩굴 식물은 우연히 생긴 것이 아니다. 그것은 미스의 지시로 조경 건축landscape architecture으로 유명한 건축가 알프레드 콜드웰Alfred Caldwell, 1903~1998이 심은 것이다. 콜드웰은 자연적인 스타일의 조경 디자인을 추구했다. 그의 의도는 자연 생태계를 모방한 토착 경관을 조성하는 것이었다. 완전한 자연 생태계는 외래 침입종 제거 외에는 거의 유지 관리가 필요하지 않았는데,[135] 이렇게 조성된 자연환경은 인공적으로 창조된, 기하학으로 충족된 미스 반데어로에의 건축물들과 대조를 이루며 돋보이게 했다. 이 공과대학교의 건물에서도 그는 자신의 주요 건축 주제인 노출된 강철 구조로 중립적인 직사각형 볼륨을 형성하며 상자형의 단순함과 정밀한 디테일을 드러냈다.

물리적 구조와 현상적 구조의 일치

미국에서 처음 경험하는 대형 프로젝트인 일리노이 공과대학교를 계획하며 미스는 자신이 즐겨 쓰는 강철이 불에 취약하다는 약점으로 인한 애로에 직면하게 된다. 강철의 내화 온도는 일반 탄소강Carbon Steel일 경우 약 500~600°C에서 기계적 강도가 급격히 감소한다. 재료가 변형되기 시작하는 힘인 항복강도가 절반 이하로 감소하는 800°C 이상에서는 구조적 붕괴가 발생할 가능성이 커진다. 30분 이상 불에 노출되면 위험하다. 보일러, 터빈, 원자로, 화학 플랜트 내연기관 등에 사용되는 내열강Heat-Resistant Steel은 약 600~1,100°C까지 견딜 수 있고, 항공기나 자동차 및 로켓의 엔진 등에 쓰이는 특수 내열강은 1,100°C에서도 장시간 유지가 가능하지만, 일반 건축물에 사용할 수 있는 재료들이 아니다.

미스의 미국 건축물들에서 노출된 강철 프로파일은 실제 구조가 아니다. 방화 규정에 따라 실제 구조인 강철을 콘크리트로 감싸야 했기 때문에 겉으로 드러나지 않는다. 이로 인해 실제로는 철골구조지만 외관상으로는 철근콘크리트 구조처럼 보이게 된다. 미스는 르네상스 시대에 필라스터가 기둥을 상징했던 것처럼 유사 구조로 실제 구조를 반영하는 방법을 찾아야 했다. 그는 표준 강철 프로파일에서 과거 조각된 프로파일과 유사한 형태를 찾아냈는데, 일리노이 공과대학교에서 이것을 지면에서 약간 띄워 이것이 실제로 하중을 아래로 내리는 구조적 역할을 하지 않음을 고백하면서 이 건물이 철골구조인 것을 알려주는 것에 만족했다.

노출된 강철 프로파일 디테일

미스가 경력 후기에 많이 건립한 고층건물에서는 화재에 취약한 강철의 단점이 더 확실히 보완돼야 했다. 일리노이 공과대학교에서 맞닥뜨린, 철골구조라는 물리적 구조를 가리는 철근콘크리트라는 현상적 구조의 문제를 고층건물에서도 해결해야 했다. 그는 이 불일치를 해소하기 위해 시그램 빌딩의 커튼월에 I 브론즈 형강 프로파일을 추가했다. 이것은 미스의 오랜 건축 원칙과 맞지 않는다는 비판을 받았다. 구조적으로 불필요한 장식적 요소로 여겨진 것이다. 그러나 미스에게는 감춰진 철골구조를 통한 하중 전달 시스템을 가시적으로 상징화하기 위해 외부에 수직적으로 덧붙여진 창살인 이것이 필요했다. 이 조치는 유리와 브론즈 색 금속 패널과 조화를 이루며 건물에 따뜻한 고급스러움과 정밀한 리듬감을 부여했다. 이러한 방식은 철골 기둥의 경우 두께 2인치 이상의 콘크리트로 감싸야 하는 건축법규가 있는 시

철골 기둥이 콘크리트로 싸여 있는 레이크 쇼어 드라이브 아파트의 필로티

커먼웰스 프롬나드 아파트 외관

커튼월에 I 브론즈 형강이 추가된 토론토-도미니언 센터 외관

카고에 세운 레이크 쇼어 드라이브 아파트Lake Shore Drive Apartments, 1948~1950와 외부에 하얀색 알루미늄을 쓴 커먼웰스 프롬나드 아파트Commonwealth Promenade Apartments, 1953~1956, 토론토-도미니언 센터Toronto-Dominion Centre, 1963~1969 등에도 적용됐다. 19세기 후반에 나타났던, 건축물의 실제 구조를 감추고 주로 장식적 목적을 위한 외관을 세우려는 경향과 달리 정직하기 위해 실제 구조를 표출하고자 했음으로 미스가 무장식이라는 근대 건축의 신조를 어긴다는 부담감이 아주 크지는 않았을 것 같다.

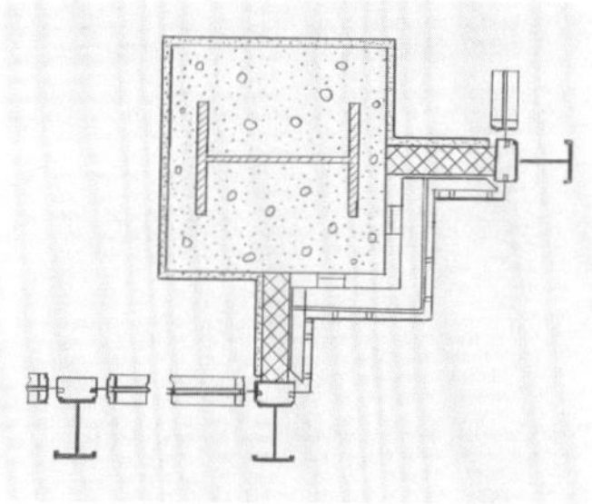

철골 기둥을 콘크리트가 감싸고 있는 시그램 빌딩의 구조 단면 디테일

현대 기술과 예술의 만남으로서 미스 반데어로에가 즐겨 사용한 유리와 철로 이루어진 건축물은 이미 구조적 명료성과 투명성을 지니고 있어 실내와 실외를 연계하는 효과를 창출하며, 현대적 재료로서의 품격을 갖추고 있다. 구조적으로는 필요하지 않지만, 외벽에 그림자를 드리우며 건물의 수직성을 강조하고 모듈을 시각적으로 드러내는 이 프로파일은 언뜻 미스의 엄격한 건축 철학에 맞지 않는 부가물 같지만, 그는 결코 구조적 진실이 감춰지는 상황을 용납할 수 없었다.

미스가 고집스럽게 타협을 거부한 것은 "무엇을" 설계할 것인가가 아니라 "어떻게" 설계할 것인가에 관한 것이었으며, 이는 당시의 모든 건축가와 예술가에게 구체적인 모델이 됐다. 그는 건축의 근본 원칙을 탐구하며 그 한계와 가능성을 고민했고, 이를 통해 구축한 건축적 언어는 그의 모든 작품에 일관되게 적용됐다. 이는 또한 그의 제자들이 전 세계에서 실천할 수 있는 이론적 원칙이 됐다.

미스는 순수한 표면과 구조적 요소를 탁월하게 활용했으며, 자신의 건축 원칙이 고딕 성당의 플라잉 버트레스와 같이 구조적으로 질서를 갖춘 과거 건축을 이해하는 열쇠가 된다는 사실을 발견했다. 그의 궁극적인 목표는 건축에 질서와 진실을 부여하는 것이었다. 장식의 문제는 그에게 관심 밖의 일이었으나 정밀한 디테일, 재료의 질감과 색의 차이, 물성의 변화 덕분에 장식의 부재로 인한 공허가 느껴지지 않는다. 비기능적이고 잉여물인 I 형강을 입면에 기꺼이 추가한 데서 미스가 건축에서 장식의 존재 여부 자체를 크게 의식하지 않을 만큼 초월했으며 그 이상으로 구조적 진실을 드러내기를 더 소중히 여겼음을 알 수 있다.

르코르뷔지에의 '감동으로서의 건축'

"건설의 목적이 건물을 지탱하는 것이라면, 건축의 목적은 사람을 감동케 하는 데에 있다."[136]

존 러스킨의 "건축architecture과 짓기building를 신중하게 구별하는 것이 필요하다"[137]라는 발언에 동조하듯, 르코르뷔지에는 쓰임새를 넘어 인간에게 감동을 주는 수준까지 건축의 위상을 끌어올리고자 했고 자신의 작품으로 이를 실제로 증명했다. 위 말은, 기존 장식을 재사용할 수 없었던 르코르뷔지에가 러스킨이 말하는 과거 건축에서의 진정한 장식을 통한 감흥 유발과는 다른 방식으로 인간의 마음을 울리려고 했음을 전제로 한다. 러스킨은 훌륭한 건축물의 다양한 형태에서 일반적으로 느끼는 감탄을 네 가지로 분류했는데, 일시 방문객이 느끼는 감성적 감탄, 소유주가 느끼는 자부심에 찬 감탄, 그것을 만든 장인이 느끼는 장인적 감탄과 벽, 주두, 프리즈에 적용된 장식인 조각이나 회화를 읽어낼 때 느끼는 기쁨인 예술적이고 합리적인 감탄[138]이 그것이다. 이 감탄을 다르게 유발해야 하는 과제가 르코르뷔지에 앞에 있었던 것이다.

장식 교육을 넘어 깨달음으로

샤를 에두아르 잔느레, 즉 미래의 르코르뷔지에의 형성기는 두 가지 상반된 경험에 의해 결정됐다. 첫 번째는 제한된 환경에서의 경험이었다. 그가 태어나고 성장한 라쇼드퐁La Chaux-de-Fonds은 해발 1,000미터 높이에서 인구 3만 명이 모여 살던, 쥐라Jura 산맥 속의 작은 도시로서 반半수공업적 시계 제조업에 오랫동안 집중해왔다. 시계에 무늬 등을 에나멜로 그리는 직업을 가졌던 조부와 부친을 이어 잔느레도 당시 고가품이었던 회중시계pocket watch의 덮개를 장식하는 교육에 치중했던 라쇼드퐁 시립예술학교École d'art municipale를 다녔다. 그러나 이러한 전통적인 경제 및 사회 구조는 자본주의적 집중화의 압력 속에서 점차 무너지고 있었다. 회중시계를 대체할, 더 이상 장식이 들어간 덮개가 필요 없는 손목시계가 주목받던 시기기도 했다.[139] 두 번째 경험은 그에게 넓은 시야를 제공한 답사 여행이었다. 그는 여러 차례의 건축 기행을 통

르코르뷔지에가 덮개를 디자인하고 조각한 회중시계

해 방대한 시각적 문화를 습득했으며, 동시에 산업혁명이 형태의 세계에 가하는 강력한 충격을 직접 목격했다.

1905년에 화가가 되고 싶었던 18세의 잔느레를 건축으로 강권하다시피 이끈 사람은 라쇼드퐁 시립예술학교의 교사였던 샤를 레플라트니에Charles L'Eplattenier, 1874~1946였다. 이후 학교의 교장이 된 그는 모든 예술을 포괄하는 고등과정을 창설해 장인 공동체를 양성하려 했다. 그 과정에서 가르친 예술 활동은 주로 아르누보와 당시 유행하던 장식적 스타일들의 결합을 보여주었다. 잔느레가 남긴 여러 도안과 그가 디자인하고 조각하여 1906년 밀라노 국제장식예술전시회에 출품해 라쇼드퐁 시립예술학교가 명예상honorary diploma을 받게 한 회중시계 덮개에서도 잔느레가 학창 시절에 배운 것을 확인할 수 있다.

레플라트니에가 학생들에게 가르치려 한 것은 단순한 '스타일'이 아니라, 자연과 예술에 대한 탐구적 태도였다. 등산을 좋아했던 아버지와 함께 알프스를 자주 올랐던 르코르뷔지에는 스승이 주신, "단지 자연만이 우리에게 영감을 줄 수 있으며, 진실하며, 인간 작품의 지주가 될 수 있다. 그러나 겉모습만을 보여주는 풍경화가들처럼 자연을 그리지 마라. 그것의 원인을, 형태를, 생기 넘치는 발육을 유심히 살피고

르코르뷔지에의 소나무 연구, 1906

르코르뷔지에가 디자인한, 팔레 주택의 외부 장식

장식들을 창안하면서 그것들을 종합하라."[140] 는 가르침을 마음에 새겼다. 레플라트니에는 장식을 하나의 미시 세계microcosme로 바라보며 높은 개념적 수준에서 접근했다. 그는 지역적 특성을 반영하는 건축을 목표로 삼았는데, 잔느레가 고향에 지은 첫 건축 작업인 팔레 주택Villa Fallet, 1906~1907에서도 거친 돌로 만든 기초벽, 뾰족한 지붕, 그리고 소나무에서 유래한 장식적 요소 등 그 흔적이 뚜렷하다.[141]

이런 장식 교육 못지않게 잔느레에게 중요한 영향을 미친 것은 책과 사상 세계로의 입문이었다. 레플라트니에 덕분에 그는 외젠 그라세Eugène Grasset, 1841~1917의 《장식적 구성 방법론*Méthode de Composition ornementale*》과 앞서 예술수공예운동에서 소개된 오언 존스의 《장식 문법》, 그리고 존 러스킨의 여러 저작을 읽었다. 1925년, 르코르뷔지에는 자신의 청년기에 영향을 준 인물들을 회상하며 다음과 같이 적었다. "그라세는 기하

르코르뷔지에의 문양 연구

학자이자 꽃장식 무늬의 '대수代數학자'였다. 우리는 그와 함께 그 구조의 비밀에 이르기까지 모든 꽃무늬 장식에 대한 우리의 찬양을 확장해야 했다."[142] 이와 동시에, 그는 오언 존스의 《장식 문법》에서 추상성과 형태의 순수성을 발견했다.

르코르뷔지에가 가장 경외했던 인물은 존 러스킨이었다. 르코르뷔지에가 1925년에 발간한 책인 《오늘날의 장식예술*L'Art décoratif d'aujourd'hui*》에 나오는, "우리의 어린 시절은 러스킨에 의해 훈육되었다. … 그 시대는 인내하기 어려운 때였다. 지속될 수 없었다. 부르주아가 파멸하는 시기였으며, 물질주의 속에서 익사하는 시대였으며, "오메의 의기양양한 기쁨les jubilations d'Homais"을 위해 끝없이 생산되는, 기계로 만들어진 바보 같은 장식으로 종이와 주철 당초문을 꾸민 시기였다."[143]라는 언급은 레플라트니에와 그의 학생들이 특히 러스킨의 반反물질주의적 태도에 공감했음을 보여준다. "오메의 의기양양한 기쁨"의 오메는 귀스타브 플로베르Gustave Flaubert, 1821~1880의 1857년 소설 《보바리 부인*Madame Bovary*》에 등장하는 작은 마을의 약사로서 합리주의자이자 자유사상가이며 끊임없이 떠들고 자기 과시를 즐기는 캐릭터다. 따라서 이 문구는 자신의 지식과 합리주의를 뽐내며 과장된 만족감에 빠진 상태를 풍자적으로 표현한 것으로, 당시의 장식을

장식 디테일에 집중한 르코르뷔지에의 답사 여행 초기 스케치와 메모

보는 르코르뷔지에의 시각을 알려준다.

르코르뷔지에는 《오늘날의 장식예술》의 다른 여러 곳에서도 러스킨의 견해를 참조했다. 세상이 많이 변한 오늘날에도 중세 고딕 건축물에 대한 사랑이 가득 담긴, 건축가에게 출중한 기예뿐 아니라 진실한 인성까지 갖출 것을 거듭 강조하는, 감동적이고 낭만적이면서도 세밀한 분석까지 갖춘 러스킨의 저서 《건축의 일곱 등불》을 읽으면 왜 르코르뷔지에가 그에게 그만큼 깊이 빠져들고 공감했는지가 이해된다. 러스킨이 바랐던, 말로는 쉽지만 실천하기는 힘든 진정한 건축가의 길을 르코르뷔지에가 평생 힘겹게 걸어간 데에 어린 시절에 러스킨에게 받았던 지침이 주는 감명이 큰 격려가 됐을 것이다.

잔느레는 장기간에 걸친 답사 여행의 출발점인 1907년 이탈리아 여행에서 건축의 표면적 효과에 초점을 맞춰 다양한 장식 요소, 석재의 종류, 색채 등에 주목했다. 이는 분명히 레플라트니에의 장식적 관심을 반

에마 수도원 항공사진

영한 것이었다. 그러나 또 다른 의미에서 1907년은 그의 건축 여정에서 결정적인 해였다. 그해에 그는 에마 수도원Chartreuse d'Ema을 방문해 수도사의 단순하고 거의 입방체에 가까운 독립된 방들에서 강한 조형적 인상을 받았다. 또한, 앞서 언급된 대로 리옹에서 토니 가르니에를 만났는데, 당시 고전적인 건축 교육을 독점했던 명성 높은 파리 미술학교에서 1899년에 받은 로마대상Grand Prix de Rome의 부상으로 로마에 있는 빌라 메치디Villa Médicis에 머물며 유학했던 가르니에는 국비 장학생으로서의 의무인, 장식으로 잔뜩 치장된 고전 건축 연구를 소홀히 하고 대신 몰두했던 '산업도시' 프로젝트를 발전시키고 있었다.

같은 해 11월, 잔느레는 빈으로 가서 당시 현대 건축의 중심지였던 빈 학파Wiener Moderne의 건축을 연구했다. 그러나 그는 오토 바그너, 요제프 호프만, 요제프 올브리히의 작품이 사진으로 봤을 때만큼 매력적이지 않다고 여기고, 자신이 여행 중 스케치북에 그린 그림들에 반해 취업 요청을 승낙한 호프만의 호의를 거절했다. 유겐트슈틸이 쇠퇴기에 접어

토니 가르니에의 산업도시, 1904, Musée Urbain Tony Garnier 소장

들었음을 확신한 것이다. 이러한 변화는 토니 가르니에와의 만남을 통해 더욱 강화됐다. 이후 잔느레는 1908년 2월부터 파리에 있는 오귀스트 페레의 사무실에서 반일半日제 근무로 14개월간 기꺼이 "노예처럼 열심히 일하며"[144] 철근콘크리트 건축을 익혔다. 당시를 회상하며 "노예처럼J'avais négrifié"이라고 묘사할 만큼 전적으로 순복하고 배우면서 그는 이 새로운 기술과 재료를 통해 '순수한 형태'를 구현할 수 있다는 확신을 가지게 됐을 뿐 아니라 정신 무장도 새롭게 할 수 있었다. 잔느레에게 "건축가는 구법構法을 통해서 생각하고, 그리고 그것을 말하는 시인이다."[145]라고 충고해준 페레가 배움의 열정에 사로잡혀 오후에는 파리의 미술관들을 섭렵하고 노트르담 대성당 같은 고딕 건물 연구에 심취해 답사하던 그에게 "나라면 정신을 육성하는 수학을 공부하겠네."[146]라는 귀한 조언을 해준 것이다. 덕분에 수학의 유익함을 깨달은 르코르뷔지에는 철근콘크리트 구조를 이해하는 데 필수적인, 구조의 불합리성을 감소시켜줄 중력의 법칙과 정역학 및 동역학을 공부할 필요성을 느껴

여름 내내 땀을 흘리며 면학했다. 과학에 대한 자신의 무지를 깨닫고, 수학이 까다롭기는 하지만 아름답고 논리적이고 완벽하다며 감탄했다. 그가 자연의 법칙에서 도출한 수학적 계산을 활용해 구축된, 조화를 느끼게 하는 엔지니어들의 작품이 갖는 가치에 눈을 뜨고 기계들을 동역학의 직접적인 표현으로 볼 수 있었던 것은 이런 독학을 통해 얻은 이해 덕분이었다.

1910년, 잔느레는 독일로 가서 철근콘크리트 기술을 더 배우려 했지만, 레플라트니에가 마련해준 장학금을 받아 독일 장식미술의 상태를 조사하는 임무를 맡게 됐다. 이를 계기로 그는 독일공작연맹의 주요 인사들—테오도어 피셔Theodor Fischer, 1862~1938, 헤르만 무테지우스, 하인리히 테세노Heinrich Tessenow, 1876~1950, 미스 반데어로에, 페터 베렌스—와 교류하게 됐고, 1910년 말부터 1911년 초까지는 페터 베렌스의 설계사무소에서 일했다. 그는 여기서 엔지니어링 작품의 미적 가치와, 단순하고 강력한 기하학적 형태가 가장 아름답다는 귀중한 교훈을 얻었다.[147]

1911년 잔느레는 '동방여행Voyage d'Orient'을 떠나면서 답사를 통한 깨달음의 절정을 맞이했다. 그의 여정은 독일 드레스덴에서 출발해 프라하, 빈, 발칸반도, 튀르키예, 그리스, 남부 이탈리아로 이어졌다. 그는 특히 건축가가 짓지 않은 농촌 마을의 집들에서 경제성과 효율성뿐만 아니라 조형적·정신적 진리를 발견했다. 순수한 기하학이 만들어내는 형태에 매료되면서, 특히 아름다운 빛을 반사하는 흰색 건축물에 대한 강한 애착을 드러냈다. 파르테논 신전에서 받은 감동은 그 순수한 기하학적 형태가 보편적 조화와 일치한다는 점 때문이었다. 이 동방여행은 그가 러스킨과 레플라트니에의 영향을 넘어서는 과정이었으며, 미래의 르코르뷔지에가 탄생하는 결정적 계기가 됐다.

그림 그리기와 건축적 실천

르코르뷔지에의 건축을 논할 때, 우리는 20세기 초 회화 운동과의 연관성을 간과할 수 없다. 1917년 마침내 파리에 정착한 르코르뷔지에는 오귀스트 페레의 소개로 화가이자 예술비평가인 아메데 오장팡을 만나 그의 권고로 어릴 때부터 좋아했던 그림 그리기를 다시 시작해 1918년에는 함께 《입체주의 이후*Après le Cubisme*》를 출간했다. 1908년 11월에 파리에 있는 다니엘 칸바일러Daniel Kahnweiler 화랑에서 열린 조르주 브라크의 에스타크L'Estaque 풍경화 전시에 대한 리뷰에서 예술비평가 루이 복세르Louis Vauxcelles, 1870~1943가 작은 입방체들litte cubes이라고 한 데서 유래한 입체주의가 10년을 지나면서 맞은 변화에 대한 우려와 대안을 제시한 이 책에서 르코르뷔지에와 오장팡은 입체주의 창시자들이 제시한 원

파르테논 신전

유화 '에스타크의 나무들', 1908, 조르주 브라크, 덴마크 내셔널 갤러리 소장

유화 '벽난로', 르코르뷔지에, 1918

칙들의 윤리적 가치를 강조했다. 입체주의가 형태를 기하학적 요소들로 환원함으로써 형태를 보다 논리적으로 이해할 수 있도록 만들었으며, 회화에서 '구성', 즉 '구축'의 개념을 다시금 중시함으로써 회화를 본래의 역할로 되돌려 놓았다고 평가했다. 그러나 입체주의가 채택한 분석적 방법론은 형태를 지나치게 세분화하는 결과를 낳았고, 그 문제를 해결하려는 시도에도 불구하고 완전히 극복하지는 못했다고 봤다. 르코르뷔지에와 오장팡이 보기에 더욱 심각한 문제는 입체주의가 '구축 원리'를 적용하는 데 있어 엄격함이 결여됐다는 점이었다. 겉으로는 엄격한 듯 보이지만, 실상은 온갖 장식적 요소들을 수용할 여지를 남겨뒀다는 것이다. 새로운 시대는 '정확성의 정신'을 요구하지만, 입체주의가 이에 부응하지 못했다고 봤다. 이에 따라, 그들은 순수주의라고 명명한 대안을 제시했다.

르코르뷔지에가 1918년에 그린 '벽난로La Cheminée'는 순수한 프리즘을 상징하는, 순수주의의 시작을 알리는 작품이다. 이 그림은 르코르뷔지에의 조형적 사고를 이해하는 데 중요한 열쇠다. 이 그림에서 출발해 그는 건축에서 추구한 근원적인 입방체 볼륨의 가치가 경제적인 형태로서의 단순성을 넘어서 고귀한 조형적 가치를 지니고 있음을 보여줬다.[148] 르코르뷔지에의 회화 경험과 건축의 관계에 대해, 건축사가 제라르 모니에Gérard Monnier, 1935~2017는 그의 저서 《프랑스 건축, 1918~1950년의 비평적 역사*L'Architecture en France: une histoire critique 1918-1950*》에서 자세히 설명했다. 필자의 박사과정 지도교수이기도 했던 그는, "잔느레의 회화가 르코르뷔지에의 건축적 실천과 맺는 첫 번째 관계는, 정물화의 배치이든 건축 계획이든 간에 동일한 자율성을 띠고 있다는 점이다. 이에 따라, 그의 회화나 건축 계획에서는 내부 요소들을 담고 한정하는 외부 형태의 개념이 동일하게 중요한 역할을 한다. 특히 1920년대 초반, 르코르뷔지에의 건축 도면과 그의 회화 사이에 형식적 유사성이 뚜렷하게 나타

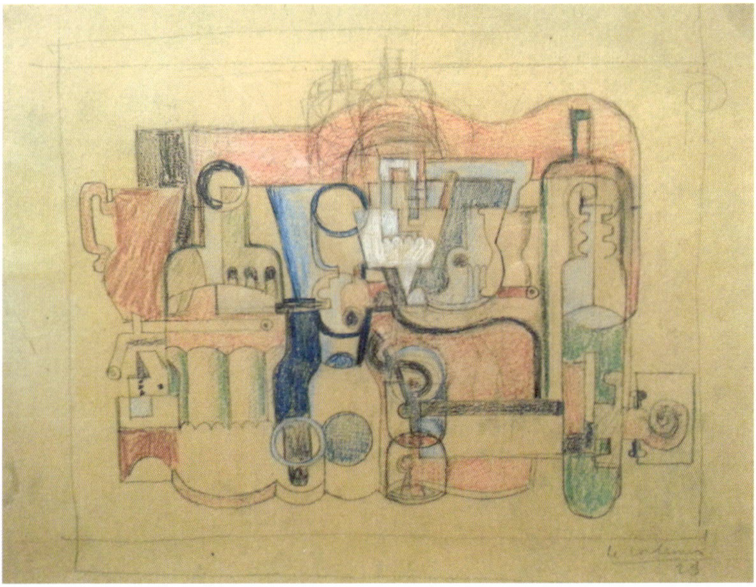

순수주의 회화 연구, 르코르뷔지에, 1923

난다."[149]라며 르코르뷔지에 건축의 조화로운 충만함과 명료성이 그의 회화에서 이미 드러나고 있음을 지적했다. 또한, "과거에는 색채가 주로 재료의 시각적 통일성이나 장식적인 조직에 의존했지만, 르코르뷔지에의 건축에서는 색채지각이 본질적으로 형식적·색채적 요소들의 조합을 기반으로 하며, 이 모든 요소는 장식성을 완전히 배제한 채 구조적 요소와 관계를 맺는다."[150]라며 르코르뷔지에가 색채의 의미와 감각을 건축적 발명의 도구로 활용하게 되었음을 설명했다. 이러한 견해는 "사람들은 나를 오직 건축가로만 알고 있고, 나를 화가로 인정하려 하지 않는다. 그러나 사실 나는 회화를 통해 건축에 이르게 되었다."[151]라는, 르코르뷔지에 자신이 화가로서의 경험과 그것이 건축에 미친 영향을 언급한 고백과도 일치한다.

"회화는 단순한 표면이 아니라, 하나의 공간으로 간주돼야 한다. … 우리는 회화란 곧 '구성', 즉 형식적이고 색채적인 조직을 창조하는 것이라고 생각한다."[152]라고 르코르뷔지에가 말한 것처럼, 순수주의자들에게 색채는 형태에 완전히 종속돼야 했다. 그는 "나는 항상 나의 회화를 건축과 도시계획, 그리고 순수한 예술로서의 회화와 조각 사이에서 완전한 조형적·지적 균형을 이루는 것으로 간주해왔다."[153]라고 여기며, 총체적 예술로서의 건축을 모색했다.

장식과 기계 미학에 대한 인식

시대에 맞지 않는 장식에 대한 르코르뷔지에의 거부 이유는 그가 쓴 《오늘날의 장식예술》에 고스란히 담겨 있다. 이 책에서 제목이 〈기계의 교훈〉인 일곱 번째 장은 기계에 대한 그의 시각을 알려준다. 이 책이 발

에스프리 누보관, 르코르뷔지에, 1923~1925. 뒤에 장식된 다른 전시관이 보인다.

간된 1925년은 강한 장식적 성향을 지녔던 아르데코Art Déco가 번성했던 시기로, 파리에서 국제 장식예술 및 근대산업예술 박람회Exposition internationale des arts décoratifs et industriels modernes가 개최된 해였다. 르코르뷔지에는 방문객들에게 '장식된' 물건들, 즉 인간의 손으로 만들어진 장식적인 오브제들만을 선보여야 한다는 규정을 내세운 이 박람회의 프로그램을 "잘못된 조화, 날조, 속임수"라고 비판했다.[154] 그에게 이 박람회는 전문가 세계가 대중들의 현대적인 삶을 향한 아름다운 열광에 반응할 준비가 전혀 되어 있지 않음을 보여줬던 행사로서 세부적인 부분만큼이나 그 전체에서 빈곤에 시달리는, 수명이 얼마 남지 않은, 회반죽 구조물들의 팡파르였다.[155] 그가 이 박람회를 위해 만든 전시관인 에스프리 누보관Pavillon de l'Esprit Nouveau(새로운 정신관)이 심사위원들에 의해 최고상 작품으로 선정됐으나 "여기에는 건축이 없지 않느냐?"라는 조직위원회 부회장의 반대로 수상이 취소되고 이 전시관을 방문객들이 보지 못하도록 주최 측이 주변에 6개월 박람회 기간의 절반인 3개월간이나 6미터 높이의 가림막을 친 것에서 장식주의자들과 르코르뷔지에의 갈등이 얼마나 첨예했던지를 알 수 있다. 르코르뷔지에를 깊이 연구한 건축가 앙리 시리아니Henri Ciriani, 1936~2025가 "이후로 아직도 이 작품을 능가한 건축이 나오지 않았다."라고 평가한,[156] 공장 생산된 금속제의 표준 선반이 매일 정확하게 사용되는 장소의 목적에 따라 배치되는 등 전통이나 낡은 관습으로서의 '가구'가 아닌 '주택의 장비'가 설치된 이 전시관을 둘러싼 가림막은 당시에 교육 및 예술부 장관이었던 드 몬지Anatole de Monzi, 1876~1947의 중재로 겨우 철거됐다.

《오늘날의 장식예술》의 첫 장인 〈성상학, 성상 숭배자들, 성상 파괴자들〉은 "유용한 사물은 장식돼야 한다. 우리의 행운과 역경의 동반자로서 영혼을 지녀야 한다. 장식된 사물에 결합된 영혼들은 우리의 슬픈 운명을 장밋빛으로 바꾸는 빛나는 분위기를 창조한다. 우리는 마음을 위로하며 부드럽게 도취시키는 장식을 통해 형언할 수 없는 감정을 토로함으로써 기계시대의 공허에 대응해야 한다."라는 당시 장식주의자들의 주장을 앞세우고 이 말에 대한 이의 제기로 시작된다. "우리는 성상 파괴자가 되어야 한다."라는 첫 장의 마지막 문장에서 그의 의지는 확실해 보인다. 르코르뷔지에는 이 책에서 군중들의 축적된 삶과 함께 성숙하고 세련되어진 (장식이 있는) 민속 문화를 인정하면서도 이것을 표절해 (시대에 맞지 않은 장식을 마구 적용해) 귀청을 터지게 하는 매미 울음소리로 공기를 채우고, 다른 이들의 시詩를 빌어 가락이 안 맞는 노래를 부르고 있는 것을 지적했다. 여기서도 앞서 언급된, 기계의 힘을 빌린 장식은 시가 귀에 거슬리게 기계적으로 낭송되는 것과 같다는 러스킨의 묘사가 떠오른다.

비뇰라의 저서 《건축의 다섯 오더 규범》

르코르뷔지에는 자신이 쓴 여러 저서에서 장식에 뒤덮인 과거 회귀적인 건축을 경계할 때 자주 바로크 시대의 건축가 비뇰라Giacomo da Vignola, 1507~1573의 기둥 양식을 거론했다.[157] 학교에서 정형화되고 양식화된 과거 건축의 규범을 가르치느라 정작 중요하게 다뤄야 할 내용들을 소홀히 대하는 것에 대한 유감도 숨김없이 드러냈다. 근대 사회를 옭아매는 신神과 같은 존재로 군림한 비뇰라가 발간한 《건축의 다섯 오더 규범*Regola delli cinque ordini d'architettura*, 1562》으로 대변되는 기둥 양식과 장식을 금과옥조로 여긴 당시 교육 세태에 대해, 만약 자신이 교육자였다면 주범order, 柱範이라는 병이자 해악을 금지하는 데서부터 교육을 시작했을 것이라고 말했다.[158] 1929년에 그가 방문해 열 번 강연을 한 아르헨티나도 신대륙 국가임에도 시대정신에 따른 활기나 독창성을 띠지 못하고 유럽을 모방하기에 급급했던 미국처럼 비뇰라의 주범에 맹목적으로 빠져 있으며, 낡은 규칙에 깊이 파묻힌 채 안주해 건축이 죽어

버렸다고 탄식했다. 그는 "장식을 만들면서 우리는 재료를 낭비하고, 돈을 낭비하며, 인간의 삶을 낭비한다. 이것이야말로 진정한 악이며, 우리가 팔짱을 끼고 방관해서는 안 되는 범죄다."라고 말했다. 또한 "장식은 감각적이고 초보적인 질서에서 비롯된 것으로서 단순한 민족과 농부, 그리고 원시인에게 적합한 것이다. … 농부는 장식을 좋아하고 자신의 벽을 꾸민다. … 장식은 필요불가결한 잉여이며 농부의 몫이다. 비례 또한 필요불가결한 잉여이며 문명인의 몫이다."[159]라고 말한 데서 아돌프 로스와의 공감을 볼 수 있다. 20세기 초에도 여전했던 장식은 르코르뷔지에에게 나쁜 행실로의 후퇴이자 겉치레일 뿐이었다. 그는 유행의 전조前兆인 장식에 편승해 설계사무실의 제도사들이 더 비싼 값 부르기를 연습하는 재앙이 벌어져 그들의 손과 마음이 뒤틀리고 무력해진 것을 개탄했다.[160]

근대주의자들에게 애증의 대상이었던 기계를 르코르뷔지에는 어떻게 생각했을까? 기계와 관련해 그가 남긴 가장 유명한 발언은 1925년에 발간한 《근대건축연감*Almanach d'architecture moderne*》에 나오는, "주택은 거주를 위한 기계다La maison est une machine à habiter."일 것이다. 이 발언에 보수적인 아카데미 회원들은 부동성, 가족 보금자리의 상징인 주택을 기계와 연계시켰다고 분노했고, 진보적인 전위 예술가들은 서정성에 빠져 기계를 배반했다고 그를 비난했다.[161] 기계가 모든 이의 마음속에 명백하게 기능, 효율, 작업, 생산의 개념을 상징하기 때문에 인간의 안락한 피난처인 집과는 특히 맞지 않게 여겨졌을 것이다. 하지만 그의 본의는 집과 건물이 자신의 역할을 기능적이자 효율적으로 수행하는 기계처럼 본분을 다할 수 있어야 함을 의미했다. 또한 집은 명상하기에 좋은 장소며, 최종적으로 아름다움이 존재하고 없어서는 안 될 정신적 평안함을 가져온다고 하면서 주택이 명상, 미의 정신, 이를 통제하는(또한 이 아름다움의 버팀목이 될) 질서에 관계되는 사람을 위한 것이 될 때 비로소 건축이 될 수 있다는 의미였다. 실내외를 잔뜩 치장한 당시 대다수 부유층의 집과 그 안의 가구들이 제 역할을 다하지 못하고 있다고 여긴 것이다.

르코르뷔지에는 1937년 파리에서 개최된 예술과 기술 국제박람회 Exposition Internationale des arts et des techniques의 주제를 국제주택박람회로 하자고 건의해 주최 측의 동의를 받았다. 이때 르코르뷔지에는 주택이 새로운 기계시대 문명의 열쇠이며 새로운 의식의 표명임을 내세웠다. 고전적 건축을 선호한 주최 측의 농간으로 이 기획은 결국 좌절됐지만, 그는 4천 명을 수용하는 하나의 '주거단위l'Unité d'habitation'[162] 안에서 도시계획, 건설업의 산업화, 표준의 모색, 음향, 등온等溫, 단열 등 새로운 기술의 적용과 집과 도시의 조형성, 일반미학, 윤리 등의 모든 문제를 명확히 드러내고자 했다.[163] 1935년 뉴욕근대미술관New York MOMA에서의 작품 전시회와 순회강연을 위해 미국을 방문했을 때 들렀던 디트로이트의 포드Ford 공장에서 1만 프랑의 돈으로 45초마다 자동차를 한 대씩 만들어 내는 것을 보고 그 돈으로 단칸방 하나 만들지 못하는 당시 건축 상황을 통탄했던 그가[164] 기계의 도움 없이는 건설 산업의 후진성 극복이 요원하다는 것을 절감했기 때문이다.

이렇게 르코르뷔지에가 기계에 상당한 호감을 보였고[165] 그의 건축 작업이 당시 모더니스트들이 추구했던, 장식예술의 대척점에 있던 기계미학을 지녔지만, 그는 건축이 기계를 닮으려 하는 데는 동의하지 않았다. 결과인 겉으로 보이는 모습보다 원인인 기계가 주는 교훈에 더 주목

소비에트 궁전 계획안, 르코르뷔지에, 1931

한 것이다. 그에게 기계는 세상에서 정신의 개혁을 수행하는 근대적 현상[166]으로, 새로운 건축을 위해 필요한 정신이 기계시대에 대한 올바른 인식과 기계의 속성에 대한 자각에서 비롯된다고 봤다. "기계에 의해 두드러진 정밀성의 시대를 반영하는…",[167] "기계류는 엄격한 선택으로 이끄는 필수 인자인 경제성을 내포하고 있다",[168] "이제부터는 기계가 불변의 정확성과 가차 없는 엄격함을 선언한다는 것을 알아야 하기 때문이다",[169] "우리를 좋은 감각으로 데려가는 기계장치들과 진리의 첫 접촉인 단순함에의 심취와…"[170] 같은 르코르뷔지에의 언급은 그가 작동 메커니즘에 주목한 기계에서 정밀성, 경제성, 정확성, 엄격성, 순수성, 단순성, 논리성 같은 건축이 본받아야 할 덕목을 발견했음을 보여준다. 원인과 결과의 순수한 관계라는 기계가 주는 교훈으로 인해 내포된 순수의 미학, 정확성의 미학, 표현 관계의 미학이 우리 정신의 엄밀한 기계장치를 가동할 수 있음을 간파하고,[171] 돌아가는 기계는 현재의 진리[172]라고까지 말했다.

앞서 거론된, 추상화되는 미술을 따라 근대성의 표현으로서, 전위대로서, 순수예술을 닮아가려는 건축이 기계를 닮아가는 데 대해 르코르뷔지에는 "기계시대가 예술과 건축을 꼼짝없이 제거해 버렸다. 오늘날 신즉물주의의 아방가르드들은 '건축'과 '예술'이라는 두 단어를 죽이고 '건설하다'와 '삶'으로 대체해 버렸다."라며 비판했다.[173] 그는 "예술은 기계를 닮는 데 관심이 없다."라고 확신하며 자신이 인정하고 좋아하는 러시아 구성주의자들의 실수라면 예술 작품을 기계와 닮게 하려고 한 점이라고 했다.[174] 또한, 1931년에 자신도 응모했고 바우하우스의 전 교장 발터 그로피우스, 러시아 조각가 나움 가보Naum Gabo, 1890~1977와 독일 표현주의 건축가 에리히 멘델존 등 모더니즘의 여러 리더들이 참여했던 소비에트 궁전Palais des Soviets[175] 건립을 위한 공모전을 알렉산드르 베스닌Alexandre Vesnin, 1883~1959이 이끈 구성주의자들이 주도했음에도 결국 르네상스풍의 계획안이 당선작으로 선정된 데에는 소련의 열성적인 젊은이들에 의해 10년 동안 억압당했던 아카데미 인사들이 틈을 노려 반격에 성공한 때문인데, 이 틈이 견실한 경험이 없는 청년들의 작업에서 드러난 기술적·미학적 실패 때문이라고 봤다.[176]

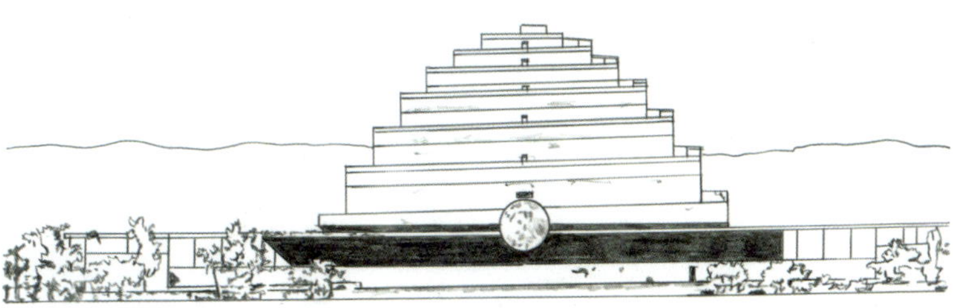

지구라트를 연상시키는 세계박물관 계획안, 르코르뷔지에

이 지적은 이탈리아 마르크스주의 건축가, 역사가, 이론가, 비평가인 만프레도 타푸리Manfredo Tafuri, 1935~1994가 러시아 구성주의 중에서 가장 독단적인 분파와 이탈리아 미래주의 및 일부 다다이즘이 인공적 사물에 의해 창출된 새로운 자연공업 생산품을 위한 기본 소재로 받아들이면서 여전히 모사의 원리에 기초한 사고방식으로 반응했다는 언급[177]과 상통한다. 르코르뷔지에가 근대적이지 않다고 비난받은, 고대 바빌로니아나 앗시리아의 피라미드형 신전인 지구라트Ziggurat를 연상시키는 세계박물관le Musée Mondial을 1929년에 계획하면서 동시에 당시로는 가장 전위적이라 할 수 있는, 공조설비를 동원해 전면 커튼월의 두 겹 유리 사이에 18°C를 유지하는 공기를 불어 넣어 겨울의 맹추위에 대응하려 했던 센트로소유즈 청사Centrosoyuz Building, 1926~1936를 모스크바에 건설한 것은 그가 맹목적으로 기계를 닮은 이미지를 따른 것이 아니라 기계의 속성에 내재된 교훈을 제대로 분별하여 활용하는 것이 목표였음을 보여준다. 인간의 꿈에 현실성을 부여한 기계 덕분에 이제 인간은 자유로워진

센트로소유즈 빌딩 전면부, 르코르뷔지에

정신으로 자유롭게 일하고 기계에게 명령하면 되는 것이었다.

르코르뷔지에가 이렇게 기계를 향한 남다른 혜안을 갖고 객관적 자세를 견지할 수 있었던 이유는 기계에 대한 그의 총체적 관점을 정리한 연구[178]에서 확인할 수 있다. 이 연구는 먼저 그가 기계를 하나의 이상적인 완벽한 체계로 보는 데서 기계를 향한 이성주의자적 관점을 볼 수 있음을 지적한다. 두 번째로 시간, 일, 에너지 절약 등 경제적 측면으로 기계를 보는 자세는 그가 실용주의자의 시각도 갖고 있음을 보여준다. 세 번째로 무겁고 미숙한 수작업을 기계에 위임했으며 기계를 독창적이고 믿을 수 없을 만큼 능률적인 노예 민족으로 묘사한 데서[179] 기계를 보는 실용주의자적 관점도 드러난다. 마지막으로 기계를 유기체와 흡사한 움직이는 도구로 보는 기능주의자적 관점은 저서《프레시지옹》에서 르코르뷔지에가 현대주택 계획을 설명하기 위해 지지를 위한 골격, 활동을 위한 근육, 영양을 공급하고 기능하기 위한 장기臟器 같은 인체 그림을 이용하는 데서 알 수 있다.[180]

이같이 현실 생활 속으로 맹렬히 진입한 기계의 놀라운 능력과 모습이 부각하는 현상에 현혹되지 않고 실존을 넘어 본질을 꿰뚫어 보는 르코르뷔지에의 혜안은 그로 하여금 기계에 대한 깊이 있는 관찰을 통해 새로운 건축이 본받아야 할 여러 교훈을 다양한 관점에서 도출하도록 했다.

인간의 감성을 두드리는 요소들

장식적인 아르누보에 익숙했지만, 장기간의 건축 기행과 주요 근대주의자들과의 교류, 독서, 그림 그리기를 통해 성장해 역사와 전통을 존중

하면서도[181] 새로운 건축을 꿈꾼 르코르뷔지에에게 분명 미화를 위한 장식은 품기 어려운 철 지난 과거의 유산이었다. 그렇다고 이것이 그가 지난날 나름의 의미와 존재 가치를 지녔던 장식마저 부정했다는 뜻은 아니다. 이 점은 르코르뷔지에가 《건축을 향하여》와 다른 여러 책에서 양식style과 양식들styles이라는 용어를 철저히 구분해 썼다는 데서 확인할 수 있다.

르코르뷔지에는 한 시기, 개인, 문화의 표현 방식으로 표출된, 장식적 수단을 포함한 단수의 양식은 그 시대가 낳은 것으로 인정했다. 그의 말대로라면 "양식은 한 시대의 모든 작품에 생기를 불어넣는, 통일성 있는 원리를 말하며, 그 결과 다른 시기와 구별되는 특징 있는 정신 상태를 낳는다."[182] 그가 과거 어느 시대의 겉으로 드러나 있는 일정한 모양이나 형식의 결과물인 장식의 존재는 인정함을 알려주는 발언이다. "우리 시대는 매일 그 자신의 양식을 정착시켜 가고 있다."라는 그의 말은 그가 활동한 시기의 양식이 형성되어 가고 있음을 인지하고 있지만, 유감스럽게도 그가 보기에 건축은 그러지 못했다. 이것이 그가 건축가들을 향해 "보지 못하는 눈들이여."라며 탄식한 이유다.[183]

반면에 그는 시대의 요구를 잊고 과거의 것을 무분별하게 수용해 마구 섞어 쓰는 안이하고 퇴행적인 복수의 양식들은 받아들일 수 없었다. 당시 건축가들의 가장 큰 공헌이 건축에 양식들을 개입시키는 것이라며, 이것은 과거에 대한 경외심과 비굴함으로 하는 "차렷, 꼼짝 마!"이며 염려스러운 겸손이자 거짓이었다.[184] 그런 르코르뷔지에에게 "장식예술은 '양식들'로만 존속할 뿐 더 이상 존재할 수 없는" 것이었다.[185] 그는 큰 걸음을 내디딘 20세기의 문화에서 그 이전까지 인간의 자연스러운 본능으로 인정받던 장식의 위상이 붕괴되는 것을 목도했다. 앞서 본 것처럼 미적 역할, 문화적·상징적 존재 의미, 공간적·기능적 효과를 지녔던 장식이 건축에서 소거되면서 그럼에도 그가 어떻게 자신의 작품을 '건축답게' 할 수 있었는지가 궁금하다.

이 질문을 하니 건축이라면 당연히 지녀왔던 장식을 마다한 르코르뷔지에가 그의 초기 작품인 라로슈-잔느레 주택Villa La Roche-Jeanneret, Paris, 1923~1925의 외관을 구성하면서 적용한 '조정선les tracés régulateurs'이 제일 먼저 떠오른다. 르코르뷔지에는 일체의 장식이 제거된 백색의 편평한 입면에 내외부의 필요에 따라 생겨난 창이나 문, 돌출부의 위치나 크기에 어떤 규율과 질서, 상호 연관성을 부여할 필요성을 느꼈다. 과거 건축처럼 입면에 장식들이 있었다면 크게 신경 쓰지 않아도 될 문제였다. 그는 이 과제를 풀기 위해 자유로운 파사드를 구성함에 있어 "독단에 대응하는 보증"이자 "질서를 통해 정신을 만족시키는 수단"으로 '조정선'을 주창했다.[186] 기하학적으로 조정된 기본적 형태의 단순미를 표상한

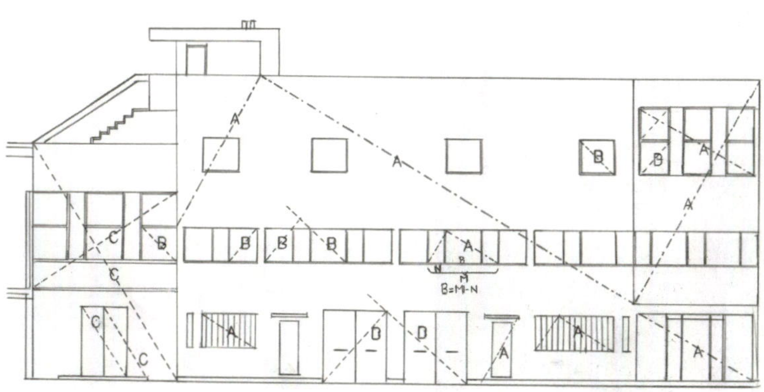

라로슈 주택의 창과 문, 돌출부의 상호 연관성을 얻기 위해 적용된 조정선

건축에 주력하며 파사드의 전체 높이와 너비의 비율, 주요 부분의 분할, 창과 문의 상호 위치 및 크기에 '관계'를 설정하기 위함이었다. 파사드의 채움과 비움의 배치에 질서를 부여하는, 건축가의 감각으로만 제어되는 조정선은 확인을 위한 보조선을 그어보지 않으면 눈으로 쉽게 인지되지 않지만, 그의 건축에서 상호 관계들 속에 잠재된 질서를, 건축적 품위와 아름다움을 느끼게 한다. 그의 건축적 아름다움이 장식과 무관하며, 오히려 이상적인 기하학, 이상적인 기준, 이상적인 비례와 관계 속에 미적 규범이 있음을 보여줬다.

라로슈 주택의 입구 전시홀에서 유일하게 돌출된 볼륨

라로슈 주택의 2층 전시공간

이와 함께, "우리의 감각을 두드리기 쉽고 우리의 시각적 욕구를 충족시킬 수 있는 요소들을 세련됨이나 거칢으로, 분방함이나 평온함으로, 냉담함이나 감흥으로 우리를 분명하게 감동시킬 수 있도록 배치해야 한다."[187]라는 르코르뷔지에의 주장에서 그가 장식이 주는 찰나적 주목을 넘어선 짙은 건축적 감동을 어떻게 추구했는지에 대한 해답의 실마리를 찾을 수 있다. 여기서 그가 말한 조형적 요소들은 우리가 명확하게 보고 판단할 수 있는 형태들로 우리의 감각을 자극

라로슈 주택의 입구 전시홀. 감춰진 계단의 뒤쪽 벽에 창이 있어 자연광이 들어온다.

하는 구, 입방체, 원통형, 수평선, 수직선, 사선 등을 말한다. 기본적인 동시에 미묘한, 또는 매끄럽거나 거친 이 형태들 사이에 추리와 창조의 재능을 충분히 활용할 수 있는 관계를 형성해 우리의 지각을 발동시킴으로써 우리를 지배하고 우리의 모든 행동을 복종시키는 보편적인 법칙과 조화를 이뤄 우리를 만족시키게 하자는 것이다.

르코르뷔지에가 자신의 작업에서 구사한, 감각을 자극하고 시각적 요구를 충족시키는 요소는 일일이 거론하기 어려울 만큼 많다. 그중 몇 가지만 소개하면, 가장 사소한 초기의 예로서 라로슈 주택의 입구홀에서 전시공간으로 올라가는 좌측 계단을 통해 2층으로 올랐을 때 잠시 전시공간을 겸한 3층 높이의 입구홀을 내려다볼 수 있도록 돌출된 발코니가 먼저 생각난다. 이 입구홀로 들어섰을 때 좌측에 있는, 전시공간으로 올라가는 계단은 측벽 뒤로 물러나 있고 우측에 있는 생활 공간으로 올라가는 계단은 앞에 문이 있어 둘 다 즉각 보이지는 않는다. 하지만

사부아 주택의 입구홀로 들어서면 왼쪽에 보이는 나선형 계단

사부아 주택의 입구홀로 들어서면 오른쪽에 보이는 경사로

사부아 주택의 경사로 2층 종착점에 있는 나선형 계단

이 왼쪽에 있는 2층 발코니가 눈길을 끌고, 좌측 계단 뒤쪽에 있는 창을 통해 맞은편 벽에 빛을 비춰 그쪽으로 발길을 이끈다. 사적인 생활 공간으로 올라가는 계단이므로 집주인이 알아서 찾아갈 수 있어 문 뒤에 감춰도 되는 우측 계단과 달리 외부인들이 자주 오는 전시공간이 있는 좌측 계단으로의 초대가 더 중요함을 보여준다. 실제 근대 회화를 많이 수집하며 생계가 어려운 화가들을 많이 도왔던 집주인 라울 라로슈Raoul La Roche, 1889~1965는 은행가로 바쁘면서도 일주일에 두 번씩 자신의 집과 소장품을 대중에 공개해[188] 많은 사람이 근대적 건축과 명화를 즐길 수 있게 배려했다.

르코르뷔지에의 1920년대 건축 연구가 집대성된 사부아 주택Villa Savoye, 1927~1931의 입구홀에 있는 나선형 계단은 그 자체로 눈

사부아 주택에서 사선적 요소로 눈길을 끄는 경사로와 그 위에 나선형 계단의 원통형 옥상계단실

볼륨으로 보여 사부아 주택에 무게감을 주는 옥상의 방풍용 벽면

길을 끄는 오브제다. 현관문을 들어섰을 때 우측의 경사로는 느긋한 오르기를, 좌측의 나선형 계단은 빠른 상승을 이끈다. 그런데 나선형 계단에서 2층으로 오르는 출발점이 입구와 반대쪽에 있어 이 계단을 오르려면 계단 오른쪽으로 돌아가거나 계단 왼쪽에 있는 기둥을 돌아가야 한다. 현관문 반대편에 있는, 이 집을 위해 일하는 일꾼이나 집사의 작업공간에서 2층의 부엌으로 신속하게 오르내릴 수 있도록 계단의 출발점이 놓인 것이다.[189] 주인 가족들이 밖에서 들어와 2층으로 올라갈 때 어지간하면 계단이 아닌 경사로를 이용하라는 뜻인데, 이 경사로로 올라 중간 참에서 돌아서면 이 나선형 계단이 2층의 우측에서 빛을 받는 오브제로 다시 등장하고, 옥상에서는 원통형의 계단실이 된다. 드물게도 주택의 중심부에 자리 잡은 경사로는 1층에서 2층까지는 실내에서, 2층에서 옥상의 일광욕장까지는 외부에서 사선적인 요소로 시선을 끌며 '건

마르세유 위니테 다비타시옹에서 브리즈 솔리이어 역할을 겸하는 발코니

축적 산책la promenade architecturale'을 유발한다. 옥상에 있는 일광욕장에서 북풍을 막아주는 조형적인 벽은 면面적인 요소지만 양단이 곡면으로 감겨, 주택의 정면 쪽에서 봤을 때 필로티 위에 얹힌 가볍고 투명한 흰 상자 위에서 무게감이 있는 볼륨으로 보인다. 그 덕분에, 바람이 세게 불면 날아갈 듯한 희고 가볍고 투과성이 있는 주택을 안정감 있게 눌러주는 역할을 잘 감당한다.

라투레트 수도원에서 브리즈 솔레이어 역할을 겸하는 발코니

파리 국제 대학생 기숙사촌의 브라질관 외관

쿠루체트 주택 외관

르코르뷔지에가 태양을 가려야 하는 더운 지역에 도입한 차양 시스템인 브리즈 솔레이어brise-soleil는 태양을 차단하는 역할뿐 아니라 순간순간 변화하는 빛과 그림자의 극적인 대비를 창출해 입면에 별도 장식의 필요성을 불식시킨다. 다섯 도시에 한 동씩 건립된 위니테 다비타시옹과 라투레트 수도원Couvent Saint-Marie de la Tourette, Eveux-sur-Arbresle, 1953~1960의 수사들 방 및 파리 국제 대학생 기숙사촌Cité internationale universitaire de Paris의 브라질관Maison du Brésil, 1957~1959에서는 브리즈 솔레이어가 발코니가 되

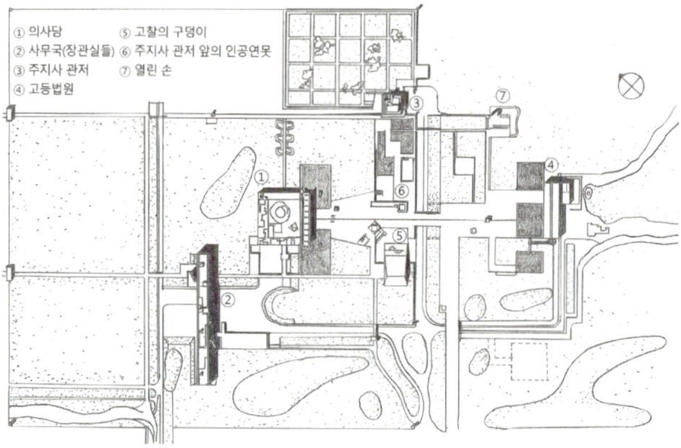

인도 편잡주의 주도인 찬디가르의 주정부 건물단지 배치도

기도 하고, 아르헨티나 라플라타La Plata의 쿠루체트 주택Maison Curutchet, 1949~1950에서는 옥상의 난간 역할을 겸하기도 했다.

절대적으로 태양을 가려야 할 무더운 도시인 인도의 찬디가르Chandigarh에 적용된 브리즈 솔레이어는 주州정부 청사들이 모여 있는 카피톨capitole에서 깊은 그림자를 드리우며 직사광선을 차단하는 실제적인 역할과 함께 입면에서 핵심적인 의장 요소로서 '드넓은 대지에 흩어져 있는 주정부 건물들에 어떻게 효율적으로 시각적인 응집력을 줄 수

찬디가르의 고등법원

있을까?'라는 어려운 과제를 푸는 해법이기도 했다. 공사비가 절대 부족했음에도 불구하고 브리즈 솔레이어와 함께 태양을 가리는 또 하나의 수단으로 르코르뷔지에가 카피톨에 도입한 그늘막 지붕toiture-parasol은 찬디가르의 주州의사당Le Palais de l'Assemblée, 1952~1962과 고등법원Le Palais de Justice, 1952~1956에서 법을 만드는 입법부와 그 법을 집행하는 사법부의 위용과 엄정함을 드러낸다.[190] 장식의 상징성 표출 기능을 감당한 것이다. 르코르뷔지에가 인도의 아마다바드Ahmedabad에 계획한 제사협회건물Palais de l'Association des Filateurs, 1951~1954과 쇼단 주택Villa Shodhan, 1951~1956 등에서도 브리즈 솔레이어와 그늘막 지붕은 여전히 주요 의장 요소다.

르코르뷔지에의 각 위니테 다비타시옹에는 브리즈 솔레이어 외에도 여러 곳에 눈길을 끄는 요소들이 있는데, 그중 마르세유Marseille에 있는

찬디가르의 사무국 외관, 르코르뷔지에

찬디가르의 주의회 의사당

제사협회건물 외관, 르코르뷔지에

쇼단 주택 외관, 르코르뷔지에

마르세유 위니테 다비타시옹 옥상의 유치원과 유아용 풀

마르세유 위니테 다비타시옹 옥상의 어린이 놀이터

마르세유 위니테 다비타시옹 옥상의 조형적인 굴뚝과 300미터 조깅트랙

위니테 다비타시옹1947~1952의 옥상을 예로 보자. 56미터 높이에서 130미터 길이로 수평적으로 쭉 뻗어있는 이곳 건물 상단부의 긴 수평성은 그 위에 여러 모습으로 솟아 있는 옥상 구조물들의 조형적 특성을 돋보이게 한다. 조형 연구에서 공간과 모든 것의 비례를 제어하는 데 깊은 관심을 보이며 환갑이 되기 1년 전인 1946년부터 조각가로도 활동한 르코르뷔지에의 뛰어난 조형 능력을 드러내는, 옥상에 있는 유치원, 탁아소, 아이들 놀이터와 야외 어린이 수영장, 실내체육관, 카페테리아, 저수탱크, 환기탑, 엘리베이터 기계실들이 지중해가 내려다보이는, 근육질의 필로티 위에 얹혀 있는 단순한 육면체 건물의 옥상에서 다채로운 스카이라인을 그리며 건물과 하늘 사이의 관계를 형성한다. 이것들은 각각의 형태가 갖는 조형성과 함께 서로 간의 공간적 함수로 인해 미적 감동을 불러일으킨다. 그는 평소에도 순수 조각가들이 추구하는 한 덩어리 형상으로서의 조각품이 아니라 자체에 공간을 내포하고 또한 그것이 위치한 장

르코르뷔지에의 건축 작품 중 가장 조형적인 롱샹 성당 외관

롱샹 성당 이후 다시 직각체계로 돌아온 라투레트 수도원 외관

소에서 공간적 역할을 하는 조각물을 탐구했다.

르코르뷔지에의 조형 능력이 유감없이 발휘된 롱샹 성당Chapelle Notre Dame du Haut, Ronchamp, 1950~1955과 달리 이 성당과 건축주가 같은 리옹 도미니크회의 지방지부에 속하는 라투레트 수도원은 평소 그의 다른 작품들처럼 다시 직교체제와 평탄한 면을 고수했다. 전자가 가능한 한 많은 방문객을 기다리는 순례자 성당인 반면에 후자가 속세를 떠난 수도사들이 명상과 기도를 하는 곳이라는 차이를 드러내는 듯하다. 하지만 라투레트 수도원에도 곳곳에 눈길을 끄는 조형적 요소들이 배치되어 있다.

그중 몇 가지만 언급하면, 먼저 수도원으로 들어가며 첫 관문인 작은 다리를 지나 만나게 되는, 필로티 아래에 있는 안내소가 그렇다. 이 안내소는 비정형 평면인 다섯 개의 방이 복도 양편에 두 실과 세 실씩 붙어 있어 눈길을 끌며 방문객을 맞는다. 건물로 둘러싸인 사각형 중정에서 필로티 위에 올라가 있고 지붕이 피라미드형이어서 수직적 요소인 소채플도 수평적 모티프가 강한 중정에서 눈길을 끌며 그 주변을 도는 이들의 위치를 확인케 해준다. 부속성당 안으로 들어가 제단을 바라보면 그 우측에서는 제의실 볼륨이 부속성당 내부로 밀려 들어오고 좌측에서는 그랜드피아노형 평면의 지하 예배당이 바깥으로 밀려 나가고 있다. 두 곳 모두 상부에서 자연광이 들어오고 삼원색이 채색되어 있어 눈길을 끈다. 수도사들의 숙소가 있는

라투레트 수도원의 중정에서 올려다본, 필로티 아래의 이형적인 안내소

라투레트 수도원의 중정에서 눈길을 끄는 소채플

라투레트 수도원 부속성당의 신자석에서 제단 쪽을 바라본 모습

파리 대학기숙사촌 브라질관의 파동형 수직 루버, 르코르뷔지에

최상부 두 개 층은 각 실마다 하나씩 있는 발코니의 반복으로 인해 수평적이면서 질서정연하다. 그 하부층에 있는 공용공간의 크고 긴 유리창에는 작곡가이자 건축가로 르코르뷔지에 사무실에서 근무한 크세나키스Iannis Xenakis, 1922~2001가 동적인 파사드를 만들기 위해 빛과 음영의 요소를 디자인한 폴리리듬polyrhythm에 따라 설치한 파동형 수직 루버가 필로티 위에 얹힌 수평적인 외관에 리듬감 있는 수직성으로 나타난다. 이 물결 치는 파동형 수직 루버는 같은 시기에 건립된 파리 국제 대학생 기숙사촌의 브라질관 지층에 있는 공용공간의 긴 수평창에도 적용됐다.

일부만 거론했지만, 르코르뷔지에는 이렇게 보는 이의 감성을 자극하는 요소들을 적재적소에 배치해 빛과 색과 함께 감흥을 불러일으키고자 했다. 이성주의자로서 합리적인 건물을 계획하면서도 감성주의자로서 예술가의 본능을 감추지 않은 것이다. '조정선'도 그렇고 이렇게 감성

파동형 수직 루버가 보이는 라투레트 수도원

을 자극하는 요소들의 도입은 르코르뷔지에가 건축에서 감동을 느끼게 하는 주요 방법인 '관계에서 오는 감동' 유발에 해당한다. 르코르뷔지에가 조형적 감동의 대상인 건축[191]을 인간과 분리될 수 없고 순수한 행복을 주는 힘을 가진 확고한 심적 고양의 원천[192]이자 영혼의 감동을 표현하는 계수일 뿐 아니라 각 시대의 힘의 지수를 반영하는 웅변적인 거울인 예술[193]의 영역으로 고양하는 방안으로 가장 중시한 것이 '관계'였다.

르코르뷔지에에게 "건축은 원재료를 사용해 감동적인 관계를 수립하는 것"[194]이었다. 이 관계는 앞서 본대로 우리의 감각을 두드리기 쉽고 우리의 시각적 욕구를 충족시켜 주는 요소들의 적절한 배치를 통해 정신의 순수한 창조물인 질서를 실현함으로써 조형적 감동을 불러일으키고, 이때 창조된 관계들은 우리의 내부에 깊이 공명해 우리 세계의 척도와 일치되게 느껴지는 질서의 척도를 우리에게 제공하며, 우리의 마음과 이해의 각종 움직임을 결정하게 되고, 그때 아름다움을 느낀다는 것이다.[195] 이렇게 계량할 수 없는 것이면서 계량할 수 없는 것을 창조하는 관계인 아름다움은 천재적 재능, 발명의 재능, 조형적 재능, 수학적 재능에서 비롯되며, 질서와 통일성을 측정하게 하고 명백한 법칙에 따라 우리의 시각적 감각을 극도로 흥분시키고 만족시키는 능력이었다.[196]

마지막으로, 전통적으로 건축에서 종교적·문화적 상징을 전달하는 도구이자 조각과 건축 요소를 강조하고 시각적 균형과 조화를 이루는 데 기여한 색채에 대한 르코르뷔지에의 견해를 확인해보자. 르네상스 시대의 색은 회화적 원근법과 더불어 건축의 깊이를 강화하는 역할을 했다. 바로크나 로코코 건축에서는 화려한 색채와 장식으로 권위와 부유함을 표현했으며, 동양 건축에서는 자연과 조화를 이루는 은은한 색조로 고요함과 명상을 유도하는 등 공간의 분위기 조성에 도움을 줬다. 르코르뷔지에가 사용한 다색채Polychromie 기법처럼 색을 통해 콘크리트 면의 차가움을 보완하거나 공간의 깊이감을 더하는 등 재료의 보완과 질감 강조, 공간성을 조성하는 데도 쓰였다.

데 스틸의 중심인물들이 자신들이 쓰는 색채가 장식을 위함이 아님을 거듭 밝혔듯이 르코르뷔지에도 자신의 작품에서 사용된 색채가 장식적 효과를 위한 것이 아님을 분명히 했다. 그는 건축에 적용된 색채가 공간을 수정하고, 대상물을 분류하며, 생리학적으로 우리에게 작용해 감성에 강하게 반응하는 세 가지 기능을 수행하고 있음을 뚜렷이 인식했다.[197] 색채는 묘사가 아니라 환기喚起로서, 항상 상징적인 의미를 지니면서 수단이 아닌 목적임을 밝혔다.[198] "벽을 채색하는 일은 그냥 꽃밭 속에 파묻히게 하기 위한 것이 아니라 창작자의 의도와 관찰자의 감정

사이에 있을 수 있는 모든 상황을 검토하는 것이다."[199]라는 그의 말도 지성과 감성 사이에서 조절되는, 공감 경험의 일부인 색채의 역할을 말한다. "색이 뭔가? 그것은 몸 안에서 멋진 박자로 순환하는 피, 바로 생명의 표시다."라는 그의 언급도 피사체 표면에 묻은 염료로서의 색이 아닌, "겨울이 지난 후 매년 봄마다 새로워지는 생명 폭발의 견고한 도약대로서의 색채"를 말한다.[200]

그가 1920년대에 적용한 건축적 다색채가 구조의 논리로부터 시선의 형식을 조절하도록 밝힌 연구[201]는 그가 물질의 내재적 성질에 관련된 객관적 측면-받치기tenier-과 인간의 감각 질서에 관련된 주관적 측면-느끼기émouvoir-을 동시에 생각했음을 보여준다. 또한 객관성과 주관성이 이중으로 부상하는 가시적인 영역 표면에 나타나는 색채는 건축물의 실제적 구축 질서가 관찰자의 감동의 조건으로 작용하도록 시각화

다색채가 적용된 프뤼제 주택단지의 일부분

된 결과임을 설명한다. 오랜 기간 현대 회화의 모험에 동참한 화가이기도 했던 르코르뷔지에가 건축가로서 자의적으로 해석한 자기만을 위한 색이 아닌 색채심리학으로 고려한 객관적이고 분석적인 결과를 얻고자 부단히 색을 연구한 것이다.

르코르뷔지에는 1925년 페삭Pessac의 프뤼제 주택단지Cité Frugès에서 색채가 공간에서 수행하는 역할에 대해, "페삭의 주택단지는 매우 밀집되어 있다. 회색 시멘트로 된 집들이 빽빽하게 들어서 있어, 숨 막히는 압박감을 준다. 색채는 우리에게 공간을 제공해 줄 수 있었다. 색채는 건축적 교향곡 속에서 지극히 강력한 생리적 요소로 작용한다. 한쪽 측면의 파사드는 흰색이고, 다른 측면은 연한 녹색이다. 연한 녹색과 흰색이 모서리에서 짙은 갈색과 만날 때, 부피무게감는 사라지고, 표면의 확장성

롱샹 성당의 남측벽을 통해 들어오는 자연광과 색채의 향연

이 강조된다."라고 설명했다.[202] 그 후로도 그림 그리기와 색채에 관한 연구를 지속한 르코르뷔지에가 근대 건축의 최고 걸작으로 공인된 롱샹 성당과 라투레트 수도원의 부속성당에서 보여준, '형언할 수 없는 공간', 즉 말로 표현할 수 없는 공간을 조성하는 데 주도적 역할을 한, 형상과 공간 전체가 어우러져 발현되는 건축적 감동의 핵심 인자인 자연광과 색의 조화에 관한 연구[203]는 건축에서의 공간성 조성에 색이 함께 함을 확인시켜 준다.

이렇게 르코르뷔지에는 구태여 과거의 장식에 의존하지 않고 근대 건축의 정신을 지키면서도 존 러스킨이 장식의 본질 중 하나로 생각한 아름다운 감흥을 자아내는 데에, 개성에 대한 모든 열망을 충족시키는 데에 아무런 불편함도, 어떠한 부족함도 느끼지 않았다.

나가는 말

장식된 옛 건물들이 밀집된 파리 중심부에 살면서 장식과 무관한 모더니즘에 충실한 건축을 공부하던 때부터 장식과 건축의 관계는 줄곧 나의 관심사였다. 20세기 초 근대 건축에서 장식 축출의 이유와 과정 자체가 모더니즘이라는 시대적 이상의 성립과 직접적인 관련이 있을 것이라는 판단에 따라 30여 년 전에 불어로 썼던 논문이 이 책의 근간이 됐다. 학업을 마치고 귀국해서는 주로 르코르뷔지에 건축과 현대 뮤지엄 건축에 관한 연구에 집중해왔지만, 언젠가는 근대 건축에서 사라졌던 장식 얘기를 다시 정리하고 싶었다. 그동안 학교에서 서양건축사와 현대건축사를 강의하며 넓혀간 건축역사에의 이해가 젊은 시절 서툴게나마 열정적으로 파고들어 기술했던 이전 연구 내용의 의미를 더 명확히 분별하고 보완하는 데 도움이 됐다.

역사를 들여다보면 만사가 그러하듯 원인 없는 결과가 없고, 개별적으로 보이는 사건들도 서로 엮여 있음을 알게 된다. 산업혁명의 소용돌이 이후 적잖은 개인과 여러 단체가 각자의 이념을 선명히 드러내며 자신들이 인식한 문제점에 대처했지만, 그것들 모두는 상호 영향을 주고받으며 투쟁하고 협력한 것이다. 이 책이 근대 건축에서의 장식 얘기를 하면서 당시의 근대적 예술 운동과 단체, 예술가와 건축가의 상호 연관성에도 주목한 이유다. 그 이면에는 훨씬 더 복잡한 사연들이 얽혀 있지만 여기서는 큰 줄기만 짚어가는 데 만족한다.

이 책에서 19세기 중반 이후 평면화된 장식의 출현에 이어 그 장식마저 점차 사라지게 되는 이유와 과정 및 장식 부재의 대안을 살펴보았다. 이렇게 인간의 삶을 담는 그릇인, 사회 구성원의 생활양식과 정신적 소산, 즉 의식주를 비롯해 도덕, 풍습, 종교, 학문, 예술 등의 시대적 변화가 실물로 구축되는 건축이 달라지는 데는 예술과 함께 철학, 경제, 정치, 사회 등 인간의 삶을 규정하는 총체적 측면에서의 시대적 변화가 동반됐다. 르코르뷔지에가 지적했듯이, 마땅히 한 시대의 보편적인 문화로서 정의될 수 있을 만큼 건축의 영역은 너무나 방대하다.[204] 19세기 후반과 20세기 초반 건축에서 장식이 억제됐다는 것은 당시 시대가 건축의 내외적 아름다움을 과도한 장식으로 표현하던 이전 방식을 더 이상 수용할 수 없었으며, 건축이 기능성과 구조 자체를 강조하는 방향으로 전환됐음을 의미한다. 산업혁명 이후 철과 유리, 철근콘크리트 같은 새로운 재료의 사용이 가능해지면서 전통적인 장식 대신 구조적 정직성, 기능적 효율성, 재료의 본질적 아름다움이 더 중시된 것이다. 장식 억제는 건축을 더 이성적이고 근대적인 표현 방식으로 전환시키기 위한 움직임이었다.

이렇게 20세기 초반 근대 건축이 등장하던 시기에 장식이 억제됐던 현상은 단순히 미적 선택이라기보다는 시대적·이념적 전환과 깊은 관련이 있었다. 장식이 역사주의 건축을 떠올리게 하며 근대성을 방해하는 과거의 유물이며, 기계 생산이 강조되던 시기에 수공예적이며 비실용적인, 기계시대에 불협화음일 뿐으로 부르주아적 취향 혹은 과시적 소비의 상징으로, 과거 사회적 계급의 상징으로 여겨진 장식의 억제는 새로운 시대를 희망하던 선각자들에게 당연한 선택이었다. 장식이 없는 건축이야말로 '기능적 진실성'을 가진다고 본 기능주의 시대에 장식은 부정적 자산일 뿐으로 합리성과 기능성 중심의 건축에서는 불필요한 비이성적·비기능적 요소여서 장식의 억제는 곧 문화적 전환의 지표였다.

하지만 이렇게 장식이 떨어져 나간, 추상화되어 가는 근대 건축에서도 미적 표현, 즉 형태, 비례, 재료, 색채, 공간 구성 등을 통해 감성적·문화적 가치를 전달해야 하는 것은 변함없는 과제였다. 건축이 단지 껍데기가 아니라 의미와 감성을 담는 문화적 산물이기 때문이다. 여기서는 미스 반데어로에와 르코르뷔지에의 두 사례만 봤지만, 과거의 장식을 되풀이할 수 없었던 모더니즘 건축가들은 각자 나름의 방식으로 장식의 빈자리가 느껴지지 않도록 했다. 조화를 이룬 건축물의 형태와 구성이 아름답고, 시대정신, 지역성, 건축가의 철학 등을 공간적으로 드러내며, 공간을 이용하는 사람들이 편리할 뿐 아니라 감정적으로 풍요롭고 의미 있는 경험을 하도록 돕고, 필요할 경우 사회·문화적 맥락에서 상징성도 지닐 수 있는 건축을 건축답게 만들고자 고심한 것이다.

모두가 알다시피 20세기 중반 이후 근대 건축이 지나치게 기능주의적이고 획일적이라는 반발과 함께 전통 양식과 문화적 상징을 다시 건축에 통합하려는 시도와 건축이 사용자와 소통하고 다양한 해석을 가능하게 하려는 목적으로 장식이 다시 등장했다. '인간의 자연스러운 본능'으로까지 여겨졌던 장식이 보통 사람의 사회적 위상이 점차 높아져 가는 시기를 맞아, 근대 건축의 추상적 면모가 엘리트 코드elite code로 치부되고 대중적 코드popular code가 중시되어 가는 시대적 변화를 수용하면서, 인간의 미적 감각과 문화적 표현의 방안으로 부활한 것이다. 그렇다고 무장식을 추구했던 근대 건축이 실패한 것으로 단정할 수는 없다. 애당초 성공과 실패로 재단할 거리가 아니다. 장식의 무용성과 필요성을 각각 주장한 모더니즘과 포스트모더니즘의 견해 차이는 어떤 경향이 과도했을 때 반작용이 발생했던 역사의 반복이 다시 나타난 것이며, 지금까지 확인했듯이 그 전과는 판이했던 20세기 전후의 특수한 상황이 반영된 것으로 보는 것이 타당할 것이다. 1970년대의 탈모더니즘을 포함한 모던 이후의 여러 양상도 모던modern을 폐기하고 나타난 것이 아니라 모던을 바탕으로 모던과 함께 변천하는 과정이다.

모더니즘의 장식 부정도 목적이라기보다는 변천 과정의 한 단계였다. 탈모더니즘에서 되살아난 장식은 단순히 과거로의 복귀가 아니라 또다시 달라진 시대 상황에 대한 비판적이고 해석적인 태도로 봐야 할 것이다. 현재의 장식은 과거처럼 기능과 무관한 '꾸밈'이 아니라 기호, 은유, 역사적 대화, 아이러니 등을 담고 있는 중요한 표현 수단으로 작동한다. 문화적 비판, 역사적 인용, 정체성 표현, 아이러니의 도구로 기능하며 오늘을 반영한다. 미래의 건축에서 장식이 남아 있다면 또 어떤 존재 의미를 지닐까? 건축에서 역사는 자신의 재생을 찾아 시간을 가로지르는 전승처럼 우리에게 미래를 이야기하는 샘물이다. 과거를 잊지 않고 살아가는 현재는 내일의 건축을 준비한다.

공간을 다루는 건축을 서툰 글솜씨로 요약해 설명하는 것은 늘 힘겹다. 서술된 문장을 이해하는 데 관련 이미지가 큰 도움이 되는데, 이 책에 한 세기 이전의 이야기들이 많아 자유로운 사용이 허가된 사진들을 웹상에서 다수 찾을 수 있어 다행이었다. 고맙게도 일면식이 없는 분들에게 국제적인 도움을 받았다. 또한, 여러분이 직접 찍은 귀한 사진의 사용을 허락해 주셔서 감사드린다. 지금은 각종 관련 자료와 이미지를 쉽게 찾아볼 수 있는 때여서 독자분들이 내용 중 더 자세하게 알고 싶으신 것이 있을 경우 검색에 도움이 되게끔, 읽기에 불편함을 무릅쓰고 인명을 포함한 다수의 필요한 용어를 작은 외국어 글씨로 적어놨다. 등장하는 인사들의 생몰연대를 적은 것도 각자 활동 기간의 전후 관계와 당시 시대 상황과의 연계성 파악에 도움이 될까 싶어서다.

이번 책도 경희대학교 출판문화원에서 나오게 됐다. 어느덧 다섯 권째인데, 가제와 목차만 보시고 출판 동의를 해주실 만큼 보내주신 신뢰에 보답이 되도록 충실한 내용이어야 할 텐데, 필자의 한정된 능력치 이상은 할 도리가 없다. 그럼에도 언제나처럼 원고를 꼼꼼히 교정해주시고 다수의 도판을 정리하며 편집에 정성을 다해주셨다. 학문의 길로 처음 들어섰던 시기에 주목했던 주제를 정년을 앞두고 다시 정리하고 마무리한 책을 내가 재직 중인 학교에서 내게 되어 감사할 따름이다.

미주

1 Friedrich August Krubsacius1718~1789는 독일의 건축가이자 건축 이론가, 교수로서 *Thoughts on the Origines, Growth and Decline of Décoration in the Fine Arts*를 집필했다.

2 Stuart Durant, *Ornament: A servey of decoration since 1830*, Mcdonald, 1986, p. 7.

3 바로크 양식은 르네상스 예술과 매너리즘을 이어서 건축, 음악, 춤, 회화, 조각, 시, 그리고 기타 예술 분야에서 나타난 서양 예술 양식으로 17세기 초부터 1750년대까지 번성했다. 이 양식은 프로테스탄트의 건축, 예술, 음악의 단순함과 금욕주의에 대항하기 위한 수단으로 가톨릭교회에 의해 장려됐지만, 유럽 일부 지역에서는 루터교 바로크 예술로도 발전했다. 바로크 양식은 대비, 움직임, 화려한 세부 장식, 깊은 색채, 웅장함, 그리고 놀라움을 통해 경외심을 불러일으키는 것을 목표로 했다. https://en.wikipedia.org/wiki/Baroque 참조.

4 로코코는 18세기 프랑스에서 생겨난 예술형식으로 바로크 시대의 호방한 취향을 이어받아 경박함 속에 표현되는 화려한 색채와 섬세한 장식, 건축의 유행을 말한다.

5 1932년 히치콕H. R. Hitchcock과 필립 존슨Philip Johnson에 의해 발간된 《국제주의양식*The International Style*》은 이 양식의 세 가지 특징 중 하나로 '장식 부가의 회피'를 들었다. 그들은 19세기와 20세기 장식의 큰 문제점으로 복고주의의 실패는 한때 미학적으로 유용했던 장식에 적용된 수공예의 조건을 재창조하지 못했고, 고전 양식의 정신이 새로운 건설 방법에 적응할 수 없었기 때문임을 지적했다. H. R. Hitchcock & Philip Johnson, 《국제건축양식》, 정종현 역, 세진사, 1985, 72~78쪽.

6 James S. Ackerman, *The Architecture of Michelangelo*, A. Zwemmer, Ltd., 1961, p. 139.

7 당시 아카데미즘의 문제점에 대해서는 이관석, 《르코르뷔지에의 건축 수업》, 문운당, 2018, 14~25쪽 참조.

8 아치 구조를 떠받치는 늑재肋材, rib를 적용한 궁륭식 천장

9 Buttress는 수평력에 대항하여 벽체를 보강하기 위해 벽면 바깥으로 돌출되게 붙여

쌓은 벽을 말한다. Flying buttress는 고딕 성당 건축에서 중앙의 회중석 공간인 신랑nave를 덮은 반원형 둥근 천장vault의 옆으로 미는 힘을 바깥의 버트레스로 전달하기 위해 측랑aisle 지붕 위에 걸쳐 놓은 아치형 구조물이다.

10 고딕 건축에서 가장 발달한, 창의 장식 격자

11 런던 내셔널 갤러리의 증축 부분이나 자연사박물관의 일부분, 외무부 청사George Gilbert Scott, 1861~1868 등에서 신르네상스의 요소를 확인할 수 있다.

12 중세 교회의 신랑 아케이드에 다발로 된 수직용 지지요소. 보통 기둥보다 육중하다.

13 고딕 건축 양식이 최초로 본격적으로 구현된 건축물로 간주되는 생드니 대성당은 1140년부터 4년간 진행된 합창석Chevet 개축 작업에서 큰 창으로 성스러운 빛을 들이려는 스테인드글라스, 무게를 더 효율적으로 분산시켜 구조적 자유를 증가시킨 첨두아치pointed arch, 천장의 무게를 분산시켜 더 높은 천장을 가능케 한 리브 볼트ribbed vault, 초기 형태의 플라잉 버트레스 같은 고딕 건축의 특성을 적용해 신성함을 시각적으로 구현한 수직성을 표출했다.

14 영국의 빅토리아 여왕이 통치한 1837년부터 1901년까지의 시기로, 영국이 세계 최강의 제국으로 군림하며 '해가 지지 않는 나라'로 불렸던 전성기였다.

15 John Ruskin,《건축의 일곱 등불》, 고명희 역, 부북스, 2024, 65쪽.

16 위의 책, 49쪽.

17 Brent C. Brolin, *The failure of Modern Architecture*, Van Nostrand Reinhold Company, 1976, p. 20에서 인용.

18 Peter Collins,《근대 건축의 이념과 변화》, 이정수 외 공역, 태림문화사, 1989, 129쪽.

19 Nikolaus Pevsner,《근대 디자인 선구자들》, 정구영 · 김창수 공역, 기문당, 1989, 48쪽.

20 위의 책, 49쪽. W. G. Lesnikowski,《합리주의와 낭만주의 건축》, 박순관 · 이기민 공역, 국제출판공사, 1986, 208쪽에도 이 내용이 나온다.

21 *Dictionnaire encyclopédique de l'architecture moderne & contemporaine*, Philippe Sers éditeur, Paris, 1987, p. 35.

22 Nikolaus Pevsner,《근대 디자인 선구자들》, 정구영 · 김창수 공역, 기문당, 1989, 50쪽.

23 위의 책, 50~56쪽.

24 Catalogue of the second exibition, Arts and Crafts Exhibition Society, London, 1889, p. 7.

25 John Ruskin,《건축의 일곱 등불》, 고명희 역, 부북스, 2024, 58쪽.

26 위의 책, 81쪽.

27 위의 책, 239쪽.

28 앞에서 러스킨이 철을 건축 재료로 인정하지 않았음을 보았는데, 그런 그에게 "루앙 대성당의 주철로 된 중앙 스파이어spire(첨예하게 솟은 사각뿔 또는 원뿔 형태를 가진 탑의 끝부분)나 철도역 및 몇몇 교회의 철제 지붕들과 기둥들 같은 구조물들은 전혀 건축에 속하지 않아도 무방"했다. 위의 책, 65쪽.

29 위의 책, 25쪽.

30 1603년에 도쿠가와 이에야스가 명목상 천황 다음으로 실질적 최고 권력자인 쇼군이

되어 에도(현재의 도쿄)에 '막부'라고 불리는 정권을 확립하고 나서 1868년에 붕괴될 때까지의 약 260년간을 말한다.

31 19세기 말의 정치적 · 경제적 혼란에 격동한 건축가들이 자신들의 내부에 불붙은 격렬하고 부조리한 감정을 예술 작품에 불어넣고자 했다. 특히 독일에서는 당시 유행하던 아르누보 양식을 진정한 사회적 · 창조적 에너지가 결여된 것으로 보고 무미건조한 부르주아 문화를 대체하는 예술적 개인주의를 추구했다. 그 결과 독일 건축가 멘델존Erich Mendelsohn, 1887~1953이나 푈치히Hans Poelzig, 1869~1936의 작품들에서 보는 것처럼 3차원적 곡선형의 역동적인 건축 형태가 많이 나타났다.

32 Castel은 불어로 작은 성이나 봉건 영주의 성채를 뜻하는 말로, 파리 16구에 있는 Castel Béranger는 34세대의 아파트가 모여 있는 주거용 건물이다.

33 Wojciech G. Lesnikowski, 《합리주의와 낭만주의 건축》, 박순관 · 이기민 공역, McGraw-Hill, 1986, 249~251쪽.

34 루이스 설리번의 장식 개념과 건축적 의미를 조명한 논평인 David Van Zanten, "The Function of Ornament : The Architecture of Louis H. Sullivan", *Architectural Design*, 55 5/6-1985, p. 41 참조.

35 이탈리아 르네상스 시대에 부유한 가문들이 지은 궁전인 팔라초Palazzi를 기반으로 한 양식으로 19세기부터 20세기 초반까지 유행했다. 건물이 대칭적이고, 처마 장식cornice을 가지며, 지하층이 있고, 단정하게 정렬된 창문들이 있다.

36 라이트는 자신의 건축에 영향을 끼친 세 가지로 자신처럼 시카고를 기반으로 활동했던 선배 건축가이자 이론가 루이스 설리번, 어릴 때 갖고 놀았던, 정육면체, 원기둥, 구 등의 간단한 기하학적 형태로 구성된 나무 블록으로 창의력과 공간지각력을 높여줬던 프뢰벨 블록Froebel Blocks, 그리고 수집에 열을 올렸던 일본 목판화를 들었다.

37 유기적 건축은 건축물과 자연환경을 통합하는 설계 철학으로 사람과 자연 사이의 조화를 이루는 것을 목적으로 한다. 건물이 자연을 반영하고, 자연의 일부가 되며, 주변 환경에서 이질적으로 보이지 않고자 한다.

38 물질주의의 뿌리부터 지위의 상징이라는 개념의 변화에 이르기까지 산업사회에서 권력 구조와 특권 추구의 메커니즘을 면밀하게 해부한 이 책은 자본주의에 대한 날카로운 비판과 함께 경제적 불평등이 인간의 열망을 어떻게 형성하고 물질적 소유를 통한 인정 욕구를 낳는지를 파헤쳤다. Thorstein Veblin, *The Theory of the Leisure Class*, Books with Buzz, 2021.

39 Peter Collins, 《근대 건축의 이념과 변화》, 이정수 외 공역, 태림문화사, 1989, 129쪽.

40 *Engineering Magazine*(Vol. III, no.5, New York, August, 1892)에 처음 발표된 것을 Tim & Charlotte Benton, Dennis Sharp, *Form and Function*, 1975, pp. 2~4에서 인용.

41 Jules Lubbock, "Adolf Loos and the English Dandy", *Architectural Review*, n° 1038, 1983, pp. 43~49.

42 Adolf Loos, *Parole dans le vide: Malgré tout (1900-1930)*, Editions Champ Libre, 1979, pp. 198~207.

43 Carter Wiseman, "The Real Importance of Adolf Loos", *Architectural Record*, Sept. 1982, p. 126.

44 Reyner Banham, "Adolf Loos-Ornamant and Crime", *The Rationalists: theory and design in the modern movement*, Architectural Press, edited by Dennis Sharp, 1978, pp. 27~32.

45 Adolf Loos, *Paroles dans le vide: Malgré tout*(1900-1930), Champ Libre, p. 289.

46 Carter Wiseman, "The Real Importance of Adolf Loos", *Architectural Record*, Sept. 1982, p. 127.

47 Adolf Loos, "Ornement et Education", 1924, *Paroles dans le vide: Malgré tout*(1900-1930), Champ Libre, p. 287에 게재.

48 K. Rowland, *The developement of shape*, Ginn., 1964, pp. 44~65.

49 Le Corbusier, 《건축을 향하여》, 이관석 역, 동녘, 2002, 23쪽.

50 Reyner Banham, 《제1 기계시대의 이론과 디자인》, 윤재희 · 지연순 공역, 세진사, 1987, p. 276~288.

51 Le Corbusier, 《건축을 향하여》, 이관석 역, 동녘, 2002, 100~157쪽.

52 위의 책, 152~153쪽.

53 Oscar Wilde, *Essays and Lectures*, Methuen & Co. Ltd. London, 4th ed, 1913, p. 178. Nikolaus Pevsner, *Les sources de l'architecture moderne et du design*, La Connaissance s.a., 1970, pp. 170~171와 펩스너의 다른 책인 《제1 기계시대의 이론과 디자인》, 윤재희 · 지연순 공역, 세진사, 1987, 23~24쪽에서도 인용.

54 Henry Van de Velde, *Kunstgewerbliche Laienpredigten*, Hermann Seemann Nachfolger, 1902, p. 36.

55 N. Pevsner, *Pioneers of Modern Design*, Penguin Books, 1960, pp. 29~30.

56 Otto Wagner, *Architecture moderne et autres écrits*, Madaga, Bruxelles, 1980, p. 44.

57 위의 책, p. 48.

58 위의 책, p. 73.

59 https://franklloydwright.org/the-art-craft-of-the-machine/

60 Ulrich Conrads, 《건축 선언문집》, 이현호 역, 기문당, 1986, 40쪽.

61 Gérard Monnier, *Influence du Bauhaus sur l'architecture contemporaine*, C.I.E.R.E.C., 1976, p. 57.

62 독일 건축가 고트프리트 젬퍼Gottfried Semper, 1803~1879의 동료인 기계공학자 프란츠 뢸로Franz Reuleaux, 1829~1905의 언급으로, Kenneth Frampton, 《현대건축사》, 정영철 · 윤재희 공역, 세진사, 1995, 194쪽에서 재인용.

63 Hans Eckstein, "Normalisation, standardisation, construire pour le minimum vival" in *Le Werkbund*, Edition du Moniteur, 1981, p. 81.

64 Hermann Muthesius, *The English House*, 1904~5, Tim & Charlotte Benton with Dennis Sharp 편집, *Form and Function*, Crosby Lockwood Staples, 1975, pp. 34~35.

65 Edward Lucie-Smith, *A History of Industriel Design*, Phaidon, 1983, p. 95.

66 Julius Posener, *Entre l'art et l'industrie de Deutscher Werkbund*, Verlag Ernst & Sohn, 1963, p. 7.

67 Reyner Banham, 《제1 기계시대의 이론과 디자인》, 윤재희 · 지연순 공역, 세진사, 1987, 87쪽,

68 1914년 발표된 〈독일공작연맹의 명제와 반명제〉에서 발췌. Ulrich Conrads, 《건축 선언문집》, 이현호 역, 기문당, 1986, 32~33쪽.

69 위의 책, 33~36쪽.

70 E. Lucie-Smith, *A history of industriel design*, Plaidon Press Limited, 1983, p. 96.

71 Ulrich Conrads, 《건축 선언문집》, 이현호 역, 기문당, 1986, 34쪽.

72 Claudine Humblet, *Le Bauhaus*, L'AGE D'HOMME, 1980, p. 74.

73 위의 책, p. 79.

74 플로트 유리 공정은 액체 유리를 용융 금속 위에 "떠서" 형성하는 다단계 유리 제조 공정을 말한다.

75 유리 건축에 대한 브루노 타우트에 대한 연구로는, Murat Dundar, "The concept of glass architecture in Bruno Taut's thought", *Journal of Architecture and Planning*, vol. 70, Issue 596, 2005, pp. 199~205 참조. 이 유리집의 근대건축사적 의미에 대해서는, 이재익, 〈1914년 독일공작연맹 전시회 유리산업전시관의 근대건축사적 의미-브루노 타우트의 유리집〉, 건축역사연구, 한국건축역사학회논문집, vol. 13, n° 4, 2004, 75~88쪽 참조.

76 '유리 사슬'은 종전 다음 해인 1919년 11월부터 1920년 12월까지 비공식적으로 진행된 건축가들과 예술가들 간의 서신 교류 네트워크로서 "Gläserne[유리의]"는 투명성과 순수함, 이상을 상징하고, "Kette[사슬]"는 이 모임의 구성원들 사이의 연대와 연결을 의미했다. 이 모임은 표현주의 건축의 중요한 장으로 평가받는데, 건축을 단순한 기능이 아닌 정신적 · 사회적 · 미학적 이상을 구현하는 수단으로 여겼다.

77 Karl Gross, *Das Ornament*, Hoffmann Julius, 1910, pp. 62~64. Tim & Charlotte Benton 및 Dennis Sharp, *Form and Function*, Crosby Lockwood Staples, 1975, pp. 46~48에 재수록됐다.

78 Ulrich Conrads, 《건축 선언문집》, 이현호 역, 기문당, 1986, 60쪽.

79 위의 책, 60~61쪽.

80 Michel Ragon, *Histoire de l'architecture et de l'urbanisme moderne*, tome 2, Casterman, 1986, p. 112.

81 William J.R. Curtis, *Modern Architecture since 1900*, Phaidon, 1982, p. 126.

82 https://shabdachitra.com/wp-content/uploads/2016/04/GropiusBau.pdf

83 당시의 장식적이고 화려한 스타일에 대한 반응으로 1910년대 러시아에서 시작된 예술 운동으로 입체주의와 미래파의 영향을 받았다. 단순한 형태와 기하학적 구조를 강조했으며, 건축, 그래픽 디자인, 포스터 등 다양한 분야에 적용됐다.

84 https://en.wikipedia.org/wiki/Vkhutemas 참조.

85 우리말로는 외팔보로, 비행기 날개처럼 한쪽 끝은 고정되고 다른 끝은 들려 있어 자

유로운 들보를 말한다.

86 Lionel Richard, *Encyclopédie du Bauhaus*, Somogy, 1985, p. 65.

87 C. Humblet, *Le Bauhaus*, L'AGE D'HOMME Lausanne, 1980, p. 130에서 인용.

88 1924년 독일 예술사가 하르틀라웁G. F. Hartlaub, 1884~1963이 언급한, 새로운 객관성이라는 뜻의 용어로 1925년 동일한 명칭의 전시회가 만하임에서 개최됐다. 이렇게 두 번의 세계대전 사이에 독일제국에서 형성되어 오스트리아, 스위스, 네덜란드로 전개된 중요한 예술 사조다. 제1차 세계대전 이후 바우하우스가 있던 바이마르 공화국으로 이어진 사회 · 정치적 대변혁의 영향을 받고 이탈리아의 '형이상학적 회화Pittura metafisica'에서 영감을 받은 신즉물주의는 아방가르드의 이상과 혁신적 돌파구에 대한 환멸을 반영하며, 대상과 일상적 사물, 명확한 이미지 구성, 객관적인 표현 방식으로 회귀하게 됐다. 또한, 제1차 세계대전 중 프랑스에서 등장한 '질서에의 회귀Retour à l'ordre'라는 구호는 예술 분야에서도 전통적인 질서와 회화 기법으로의 복귀를 이끌었다. https://de.wikipedia.org/wiki/Neue_Sachlichkeit_(Kunst) 참조.

89 Winfried Nerdinger, *Walter Gropius*, Bauhaus-Archiv 전시 카탈로그, 1985, p. 74.

90 Magdalena Droste, *Bauhaus 1919-1933*, Benedikt Taschen, 1990, p. 122.

91 http://architecture-history.org/architects/architects/MEYER/biography.html 참조.

92 Magdalena Droste, *Bauhaus 1919-1933*, Benedikt Taschen, 1990, p. 190.

93 Clement Greenberg, "Modernist Painting", *Art and Literature*, n° 4, Spring, 1965, p. 193.

94 H. W. Janson, *A Basic History of Art*, Harry N. Abrams Inc., 1971, p. 273.

95 Clive Bell, "The Debt to Cezanne", *Modern Art and Modernism: A Critical Anthology*, Francis Frascina & Charles Harrison 편집, Harper & Row Publishers, 1982.

96 Dora Vallier, *L'Art Abstrait*, Librairie Générale Française, 1980, p. 26.

97 Michel Ragon, *Histoire de l'Architecture et de l'Urbanisme Modernes*, tome 2 Casterman, 1986, pp. 70~71.

98 Nikolaus Pevsner, 《근대 디자인 선구자들》, 정구영 · 김창수 공역, 기문당, 1989, 94~95쪽.

99 Le Corbusier가 한 말을 Michel Ragon이 *Histoire de l'Architecture et de l'Urbanisme Modernes*, tome 2, Casterman, 1986, p. 75에서 인용.

100 Gérard Monnier, *Histoire Critique de l'Architecture en France 1918-1950*, Philippe Sers, 1990, p. 90.

101 Michel Ragon, *Histoire de l'architecture et de l'urbanisme moderne*, tome 2, Casterman, 1986, p. 74.

102 Peter Collins, 《근대 건축의 이념과 변화》, 이정수 외 공역, 태림문화사, 1989, 300~302쪽.

103 절대주의의 형성과 내적 원리에 대해서는 정장호 · 정진국, 〈아키텍톤의 발생과 의미〉, 대한건축학회논문집, vol. 13, n.10, 1997, 125~137쪽 참조.

104 Theo van Doesburg, *De Stijl*, 1927, p. 4, 창간 10주년 기념호에서.

105 Ulrich Conrads, 《건축 선언문집》, 이현호 역, 기문당, 1986, 46쪽.

106 그리스어 Christos(그리스도)와 sophia(지혜)의 합성어로, 그리스도의 지혜라는 의미다. 철학적 · 신학적 관점에서 보면, 기독교 신앙과 영적 지혜를 통합적으로 이해하려는 사상 체계로서 특히, 그리스도를 단순한 신앙의 대상이 아니라 인류의 영적 진화와 계몽의 중심인물로 바라보며, 인간이 신성과 연결될 수 있는 존재라는 점에 주목했다. 즉, 그리스도를 통한 영적 깨달음과 인간의 내면적 진화를 추구하는 철학적 · 신비주의적 사상이다.

107 윤희진 · 이성호, 〈르 코르뷔지에와 데 스틸 이후 프랑스 건축에서의 다색채 적용에 관한 연구〉, 프랑스문화연구, 한국프랑스문화학회, 제22집, 2011, 354쪽.

108 Ulrich Conrads, 《건축 선언문집》, 이현호 역, 기문당, 1986, 46쪽.

109 Carsten-Peter Warncke, *De Stijl 1917-1931*, Benedikt Taschen, 1991, p. 91.

110 Reyner Banham, 《제1 기계시대의 이론과 디자인》, 윤재희 · 지연순 공역, 세진사, 1987, 190쪽.

111 Michel Ragon, *Histoire de l'Architecture et de l'Urbanisme Modernes*, tome 2, Casterman, 1986, p. 85.

112 H. R. Hitchcock & Philip Johnson, *The International Style*, W. W. Norton & Company, New York, 1966, p. 30.

113 Reyner Banham, 《제1 기계시대의 이론과 디자인》, 윤재희 · 지연순 공역, 세진사, 1987, 219쪽.

114 Giorgio Grassi, "On the Question of Decoration", *Architectural Design Profile*, 1984, p. 12.

115 Ulrich Conrads, 《건축 선언문집》, 이현호 역, 기문당, 1986, 99~100쪽.

116 Kenneth Frampton, Kenneth Frampton, 《현대건축사》, 정영철 · 윤재희 공역, 세진사, 1995, 258쪽.

117 H.L.C. Jaffe, *De Stijl 1917-1931*, Abbeville Pr, London, 1982. Michel Ragon에 의해 *Histoire de l'Architecture et de l'Urbanisme Modernes*, tome 2, Casterman, 1986, p. 87에서 인용됐다.

118 Mies van der Rohe, "Mies Speaks: I Do Not Design Buildings. I Develop Buildings", *Architectural Review*, 145(December) 1968, pp. 51~52.

119 W. Tatarkiewicz, 《미학의 기본개념사》, 손효주 역, 미진사, 1980, 211~219쪽.

120 John Summerson, *The Classical Language of Architecture*, Thames & Hudson, 1980, pp. 7~9.

121 John Summerson, 《건축의 고전적 언어》, 조희철 · 최일 공역, 태림문화사, 1998, 112쪽.

122 1966년 베를린에서 있었던 미스 반데어로에와 작가 울리히 콘라즈Ulrich Conrads의 인터뷰를 Sandra Honey, "Architectural Monographs: Mies van der Rohe", *Academy Editions*, 1986, p. 16에서 인용.

123 건물의 일부 또는 전체를 지상에서 기둥으로 들어 올려 건물을 지면에서 분리시킴으로써 만들어진 하부 공간 또는 그 기둥들을 말한다.

124 건물의 하중을 벽이 아닌 기둥이 담당해 층마다 필요에 따라 칸막이로 자유롭게 공간구획을 할 수 있게 됐다.

125 '새로운 건축의 다섯 가지 요점'에는 이 네 가지에 '자유로운 파사드façade libre'가 있다.

126 미스의 1964년 인터뷰. 천장환, 《현대 건축을 바꾼 두 거장》, 시공아트, 2013, 251쪽에서 재인용.

127 Philip Johnson, *Mies van der Rohe*, The Museum of Modern Art, 1978, p. 187.

128 위의 책, p. 188.

129 위의 책, p. 197.

130 John Ruskin, 《건축의 일곱 등불》, 고명희 역, 부북스, 2024, 216쪽.

131 고대 그리스와 로마의 고전 건축 양식에서 기둥 위의 수평적인 보인 엔태블러처entablature는 위에서부터 아래로 아키트레이브architrave, 프리즈, 코니스로 구성되어 있다. 또한 프리즈는 건축물의 내면에서 그림이나 조각으로 장식된 연속적인 띠 모양의 부분을 말하기도 한다.

132 노형준 & Y.A.R.D, 《공간을 감각하는 재료들》, 바이블랭크, 2025.

133 John Ruskin, 《건축의 일곱 등불》, 고명희 역, 부북스, 2024, 80쪽.

134 Henri Ciriani & Claude Vié, *L'Espace de l'Architecture Moderne*, Rapport final de recherche présent au Ministère de l'Urbanisme, du Logement et des Transports, 1989 참조. 이 연구보고서는 근대건축 공간의 특징으로 르코르뷔지에 건축의 상승하거나 하강하는 대각선적 공간 확장과 미스 반데어로에 건축의 수평적이고 대각선적인 공간 확장을 분석했다.

135 https://en.wikipedia.org/wiki/Alfred_Caldwell

136 Le Corbusier, 《건축을 향하여》, 이관석 역, 동녘, 2002, 37쪽.

137 John Ruskin, 《건축의 일곱 등불》, 고명희 역, 부북스, 2024, 23쪽.

138 위의 책, 292~293쪽.

139 1851년 폴란드의 망명 귀족인 앙트와르드 파텍과 프랑스의 시계장인 장 아드리앙 필립에 의해 설립된 스위스의 시계 제조 회사인 파텍 필립Patek Philippe이 1868년 헝가리의 귀족 여성을 위한 장신구로 최초의 손목시계를 제작했다. 제1차 세계대전1914~1918 때 병사들이 전투 중 한 손으로 시간을 확인해야 하는 필요성에 의해 실용적인 손목시계가 확산됐다.

140 Le Corbusier, 《오늘날의 장식예술》, 이관석 역, 동녘, 2007, 223쪽.

141 1906년에 잔느레가 고향에 있는 마테도레 주택Villa Mattey-Doret의 음악실을 꾸민 적이 있지만, 스승 레플라트니에가 잔느레에게 건축을 가르쳐 주길 부탁한 지역 건축가 샤팔라R. Chapallaz의 도움을 받아 수행한 온전한 건축 작업은 팔레 주택이 처음이다.

142 Le Corbusier, 《오늘날의 장식예술》, 이관석 역, 동녘, 2007, 154쪽.

143 위의 책, 153~154쪽.

144 Le Corbusier, *Entretien avec les étudiants des écoles d'architecture*, Les Éditions de Minuit, 1993, p. 56.

145 Kenneth Frampton, *Studies in Tectonic Culture: The Poetics of Construction in Nineteenth and Twentieth Century Architecture*, Massachusetts Institute of Technology, 1995에서 인용.

146 Le Corbusier, 《오늘날의 장식예술》, 이관석 역, 동녘, 2007, 234쪽.

147 르코르뷔지에가 독일에서 받은 교훈에 대해서는, 이관석, 《르코르뷔지에의 건축 수업》, 문운당, 2018, 25~36쪽 참조.

148 이은석, 〈르 꼬르뷔제 건축의 백색 시대에 나타난 "순수 입방체"의 형성배경과 과정에 관한 연구〉, 대한건축학회논문집, 15권 7호, 1999, 51~62쪽 참조.

149 Gérard Monnier, *L'architecture en France: une histoire critique 1918-1950*, Philippe Sers, 1990, pp. 99~100.

150 위의 책, p. 100.

151 Lucien Hervé, *Le Corbusier : l'artiste et l'écrivain*, Ed. du Griffon, 1970에서 인용.

152 Le Corbusier, "Le Purisme", *L'Esprit Nouveau*, n° 4, p. 379.

153 Le Corbusier, *Purisme, Art d'aujourd'hui*, 1950. Reinhold Hohl, *Le Corbusier*, Editions Beyeler Bâle, 1971, p. 12에서 재인용.

154 Georges Charbonnier, *Le monologue du peintre*, vol. 2, Édition René Juillard, 1966.

155 Le Corbusier, 《대성당들이 희었을 때》, 이관석 역, 동녘, 2024, 110~111쪽.

156 Henri Ciriani, 2007년 11월 7일 경희대학교에서 개최된 심포지엄 〈대한민국/집합주택주거/현황과 향방〉에서

157 바로크 시대 이탈리아 건축가. 대표작인 로마의 제수성당은 바로크 교회건축에 큰 영향을 미쳤다. 그가 쓴 저서 《건축에서 다섯 주범의 법칙》은 이후 3세기 동안 주범order에 관한 교재로 널리 쓰였다. 1930년에 발행된 《프레시지옹*Précisions sur un état présent de l'architecture et de l'urbanisme*》에서는 23쪽, 67~68쪽, 73쪽, 105쪽 & 241, 250쪽에, 1943년에 출판된 《건축대학 학생들과의 대화*Entretien avec les étudiants des écoles d'architecture*》에서는 44~45쪽에 비뇰라가 거론됐다.

158 "만일 내가 건축을 가르쳐야 했다면? …… 나는 '주범'을 금지해, '주범'이란 병을, '주범'의 해익을, 싱싱힐 수 없는 실패를 멈추게 하는 데서부터 시작할 것입니다. 나는 건축을 존중하라고 요구했을 겁니다." Le Corbusier, 《프레시지옹》, 정진국 · 이관석 공역, 동녘, 2004, 241쪽.

159 Le Corbusier, 《건축을 향하여》, 이관석 역, 동녘, 2002, 152쪽.

160 Le Corbusier, 《대성당들이 희었을 때》, 이관석 역, 동녘, 2024, 200~201쪽.

161 Le Corbusier, 《프레시지옹》, 정진국 · 이관석 공역, 동녘, 2004, 105쪽.

162 1920년부터 르코르뷔지에는 20세기 유럽의 모더니즘과 근대 주거 디자인에 영향을 미친 여러 주거단위 유형 개발을 시작했다. 이 개념으로 처음 지어졌고 가장 유명한 작품이 1947년부터 1952년까지 프랑스 마르세유에 건설된 마르세유 위니테 다

시타시옹이다.

163 Le Corbusier, 《대성당들이 희었을 때》, 이관석 역, 동녘, 2024, 48쪽.

164 위의 책, 291쪽.

165 그가 집필한 다수의 책에 나오는, 기계를 향한 호감을 표하는 여러 언급은 이관석, 《건축, 르코르뷔지에의 정의》, 동녘, 2011, 75~95쪽에 정리되어 있다.

166 Le Corbusier, 《오늘날의 장식예술》, 이관석 역, 동녘, 2007, 123쪽.

167 위의 책, 54쪽.

168 Le Corbusier, 《건축을 향하여》, 이관석 역, 동녘, 2002, 138쪽.

169 Le Corbusier, 《오늘날의 장식예술》, 이관석 역, 동녘, 2007, 82쪽.

170 위의 책, 118쪽.

171 위의 책, 123쪽.

172 위의 책, 130쪽.

173 르코르뷔지에가 1929년에 세운 세계도시Cité mondiale 계획안 중 하나인, 지구라트 형상의 문다네움Mundaneum, 세계박물관이 역사주의적 · 형태주의적 · 기념비적이라는 과오를 저질렀다고 비판한 신즉물주의의 아방가르드들에 대응한 글이다. Le Corbusier, "Défence de l'architecture", *L'Architecture d'aujourd'hui*, n° monographique sur Le Corbusier et Pierre Jeanneret, 1933, p. 41 참조.

174 Le Corbusier, 《오늘날의 장식예술》, 이관석 역, 동녘, 2007, 134쪽.

175 모스크바의 중심지인 키로프 광장에 세워질 예정이었던 건물로, 1930년대 초반에 소련의 이데올로기를 따라 새로운 수도를 상징하기 위해 건설이 시작됐으나 전쟁으로 중지됐다.

176 Le Corbusier, 《대성당들이 희었을 때》, 이관석 역, 동녘, 2024, 225~226쪽.

177 Manfredo Tafuri, 《건축의 이론과 역사》, 김일현 역, 동녘, 2009, 67쪽.

178 이관석, 〈1920년대 르 꼬르뷔지에의 기계에 대한 태도 연구〉, 대한건축학회논문집, vol. 27, n° 3, 2011, 231~240쪽.

179 Le Corbusier, 《오늘날의 장식예술》, 이관석 역, 동녘, 2007, 126쪽.

180 Le Corbusier, 《프레시지옹》, 정진국 · 이관석 공역, 동녘, 2004, 142~143쪽.

181 현대 건축 형성에 지대한 영향을 미친 르코르뷔지에이기에 그의 각별한 과거 존중과 역사와 전통 중시 자세는 오랫동안 간과되어 왔다. 과거로부터 그가 받은 교훈에 대해서는 이관석, 《르코르뷔지에의 건축 수업》, 문운당, 2018, 82~98쪽 참고.

182 Le Corbusier, 《건축을 향하여》, 이관석 역, 동녘, 2002, 25쪽.

183 위의 책, 114쪽.

184 위의 책, 108쪽.

185 Le Corbusier, 《오늘날의 장식예술》, 이관석 역, 동녘, 2007, 139쪽.

186 Le Corbusier, 《건축을 향하여》, 이관석 역, 동녘, 2002, 91쪽.

187 위의 책, 36쪽.

188 Le Corbusier, 《대성당들이 희었을 때》, 이관석 역, 동녘, 2024, 189쪽.

189 사부아 주택은 주변에 면적이 2만 평이 넘는, 7헥타르나 되는 과수원을 지니고 있

어 수확된 과일은 1층 주차장 바닥에 뚫린 곳을 통해 주택의 지하에 저장됐다. 일꾼들은 이 나선형 계단을 통해 지하층을 오르내렸고, 주인 가족은 주로 2층에 머물렀다.

190 르코르뷔지에의 차양과 그늘막 지붕의 역할과 의미에 대한 연구로 이관석, 〈르코르뷔지에 건축의 친환경적 면모와 그 의미〉, 대한건축학회논문집, vol. 35, n° 6, 2019가 있다.

191 Le Corbusier, 《건축을 향하여》, 이관석 역, 동녘, 2002, 35쪽.

192 Le Corbusier, 《오늘날의 장식예술》, 이관석 역, 동녘, 2007, 139쪽.

193 위의 책, 141쪽.

194 Le Corbusier, 《건축을 향하여》, 이관석 역, 동녘, 2002, 161쪽.

195 위의 책, 23 & 31쪽.

196 위의 책, 152~153쪽.

197 Le Corbusier, *Polychromie architecturale: Étude faite par un architecte(mêlé, d'ailleurs, à l'aventure de la peinture contemporaine) pour les architectes*, FLC B1(18), 1931.

198 Le Corbusier, 《르 코르뷔지에의 동방여행》, 최정수 역, 안그라픽스, 2010, 15쪽.

199 Le Corbusier, "Architecture d'époque machiniste", *Journal de psychologie normale et pathologique*. 정진국, 《르 코르뷔지에가 선택한 최초의 색채들》, 공간사, 2001, 89쪽에서 재인용.

200 Le Corbusier, 《대성당들이 희었을 때》, 이관석 역, 동녘, 2024, 231쪽.

201 정진국, 《르 코르뷔지에가 선택한 최초의 색채들》, 공간사, 2001, 165쪽.

202 Lucien Hervé, *Le Corbusier : l'artiste et l'écrivain*, Ed. du Griffon, 1970, p. 65.

203 이관석, 〈르코르뷔지에의 종교건축 예배공간에 유입된 자연광의 역할과 의미〉, 대한건축학회논문집, vol. 33, n° 8, 2017, 47~56쪽. 이 학술 소논문을 기반으로 더 자세한 설명이 추가된 것으로 이관석, 《르코르뷔지에 건축의 자연광과 지속가능성》, 경희대학교 출판문화원, 2024, 44~92쪽 참조.

204 Le Corbusier, *Entretien avec les étudiants des écoles d'architecture*, Les Éditions de Minuit, 1993, p. 32.

참고 문헌

논문 및 단행본

노형준 & Y.A.R.D,《공간을 감각하는 재료들》, 바이블랭크, 2025.
서민우,《단순미의 위대한 건축가 미스 반 데 로에》, 기문당, 2013.
윤희진 · 이성호, 〈르 코르뷔지에와 데 스틸 이후 프랑스 건축에서의 다색채 적용에 관한 연구〉, 프랑스문화연구, 한국프랑스문화학회, 제22집, 2011.
이관석, 〈1920년대 르 꼬르뷔지에의 기계에 대한 태도 연구〉, 대한건축학회논문집, vol. 27, n° 3, 2011.
이관석,《건축, 르코르뷔지에의 정의》, 동녘, 2011.
이관석,《르코르뷔지에의 건축 수업》, 문운당, 2018.
이관석, 〈르코르뷔지에의 종교건축 예배공간에 유입된 자연광의 역할과 의미〉, 대한건축학회논문집, vol. 33, n° 8, 2017.
이관석, 〈르코르뷔지에 건축의 친환경적 면모와 그 의미〉, 대한건축학회논문집, vol. 35, n° 6, 2019.
이관석,《르코르뷔지에 건축의 자연광과 지속가능성》, 경희대학교 출판문화원, 2024.
이은석, 〈르 꼬르뷔제 건축의 백색 시대에 나타난 "순수 입방체"의 형성배경과 과정에 관한 연구〉, 대한건축학회논문집, 15권 7호, 1999.
이재익, 〈1914년 독일공작연맹 전시회 유리산업전시관의 근대건축사적 의미-브루노 타우트의 유리집〉, 건축역사연구, 한국건축역사학회논문집, vol. 13, n° 4, 2004.
정장호 · 정진국, 〈아키텍톤의 발생과 의미〉, 대한건축학회논문집, vol. 13, n° 10, 1997.
정진국,《르 코르뷔지에가 선택한 최초의 색채들》, 공간사, 2001.
천장환,《현대 건축을 바꾼 두 거장》, 시공아트, 2013.
BANHAM, Reyner,《제1 기계시대의 이론과 디자인》, 윤재희 · 지연순 공역, 세진사, 1987.
COLLINS, Peter,《근대 건축의 이념과 변화》, 이정수 외 공역, 태림문화사, 1989.
CONRADS, Ulrich,《건축 선언문집》, 이현호 역, 기문당, 1986.

FRAMPTON, Kenneth, 《현대건축사》, 정영철 · 윤재희 공역, 세진사, 1995.
HITCHCOCK, H. R. & JOHNSON, Philip, 《국제건축양식》, 정종현 역, 세진사, 1985.
LE CORBUSIER, 《건축을 향하여》, 이관석 역, 동녘, 2002.
LE CORBUSIER, 《프레시지옹》, 정진국 · 이관석 공역, 동녘, 2004.
LE CORBUSIER, 《오늘날의 장식예술》, 이관석 역, 동녘, 2007.
LE CORBUSIER, 《대성당들이 희었을 때》, 이관석 역, 동녘, 2024.
LESNIKOWSKI, Wojciech G., 《합리주의와 낭만주의 건축》, 박순관 · 이기민 공역, McGraw-Hill, 1986.
PEVSNER, Nikolaus, 《근대 디자인 선구자들》, 정구영 · 김창수 공역, 기문당, 1989.
RUSKIN, John, 《건축의 일곱 등불》, 고명희 역, 부북스, 2024.
TAFURI, Manfredo, 《건축의 이론과 역사》, 김일현 역, 동녘, 2009.
TATARKIEWICZ, W., 《미학의 기본개념사》, 손효주 역, 미진사, 1980.

해외 문헌

ABERCROMBIE, Stanley, *A philosophy of interior design*, Harper & Row, 1990.
ACKERMAN, James S., *The Architecture of Michelangelo*, A. Zwemmer, Ltd., 1961.
ALLSOPP, Bruce, *A modern theory of architecture*, Routledge & Kegan Paul, 1977.
BANHAM, Reyner, *Age of the Masters: A Personal View of Modern Architecture*, The Architectural Press Ltd., 1962.
BARNARD, Julian, *The decorative tradition*, The Architectural Press, 1973.
BENTON, Tim & Charlotte with SHARP, Dennis, *Form and Function*, Crosby Lockwood Staples, 1975.
BESSET, Maurice, *Le Corbusier*, Skira, 1987.
BLAKE, Peter, *Form Follows Fiasco: Why Modern Architecture Hasn't Worked*, Little, Brown and Co., 1977.
BOUILLON, Jean-Paul, *Journal de l'Art Déco*, Skira, 1988.
BROLIN, Brent C., *The failure of Modern Architecture*, Van Nostrand Reinhold Company, 1976.
BROLIN, Brent C., *Flight of Fancy : The Banishment and Return of Ornament*, Academy Editions, 1985.
BROLIN, Brent C. & RICHARDS, Jean, *Sourcebook of architectural ornament*, Van Nostrand Reinhold Co., 1982.
BURCKHARDT, Lucius(sous la direction de), *Le Werkbund*, Edition du Moniteur, 1981.
BURKHARDT, Rukschcio. & ROLAND, Schachel. *Adolf Loos*, Pierre Mardaga, 1982.
CABANNE, Pierre, *L'art du XXe siècle*, Somogy, 1982.
CARTER, Peter, *Mies van der Rohe at work*, Phaidon, 1999.

CHARBONNIER, Georges, *Le monologue du peintre*, vol. 2, Edition RenéJuillard, 1966.
CIRIANI, Henri & VIÉ, Claude, *L'Espace de l'Architecture Moderne*, Rapport final de recherche présent au Ministère de l'Urbanisme, du Logement et des Transports, 1989.
COHEN, Jean-Louis, *Ludwig Mies van der Rohe*, Birkhüser, 2007.
CONSTANTINO, Maria, *Art Nouveau*, Edition ATLAS, 1990.
CURTIS, William J. R., *Modern Architecture since 1900*, Plaidon, 1982.
CURTIS, William J. R., *Le Corbusier : Ideals and Forms*, Plaidon, 1986.
DE ZURKO, Edward Robert, *Origins of Functionalist Theory*, Colombia University Press, 1957.
DREXLER, Arthur, *Transformation in Modern Architecture*, Distributed by New York Graphic Society, 1979.
DROSTE, Magdalena. *Bauhaus 1919-1933*, Benedikt Taschen, 1990.
DUNDAR, Murat, "The concept of glass architecture in Bruno Taut's thought", *Journal of Architecture and Planning*, vol. 70, Issue 596, 2005.
DURANT, Stuart, *Ornament: A servey of decoration since 1830*, Macdonald, 1986.
FRAMPTON, Kenneth, *Modern architecture 1920-1945*, GA Document, special issue 3, A.D.A. Edita Tokyo Co., 1983.
FRAMPTON, Kenneth, *Studies in Tectonic Culture: The Poetics of Construction in Nineteenth and Twentieth Century Architecture*, Massachusetts Institute of Technology, 1995.
FRASCINA, Francis & HARRISON, Charles, *Modern Art and Modernism: a Critical Anthology*, Harper & Row Publishers, 1982.
FRY, F. Edward, *Le Cubisme*, The Modern Artist and His World, 1965.
GIEDION, Sigfried, *Space, Time and Architecture*, Harvard Univ. Press, fifth édition, Cambridge, 1967.
GOLDBERGER, Paul, *ON THE RISE: Architecture and Design in Post-modern Age*, Times Books, 1983.
HERVÉ, Lucien, *Le Corbusier : l'artiste et l'écrivain*, Ed. du Griffon, 1970.
HONNY, Sandra, *l'Architectural Monographs: Mies van der Rohe*, Academy Editions, 1986.
HUMBLET, Claudine, *Le Bauhaus*, L'AGE D'HOMME, 1980.
HUYGHE, René & RUDEL, Jean, *L'Art et le Monde Moderne*, Libraire Larousse, 1970.
JAFFE, Hans Ludwig C., De Stijl 1917-1931, Abbeville Pr, 1982.
JANSON, Horst Wodemar, *A Basic History of Art*, Harry N. Abrams Inc., 1971.
JENCKS, Charles, *Mouvements Modernes en Architecture*, P. Mardaga, 1973.
JENCKS, Charles, *The Language of Post-Modern Architecture*, Academy Editions, 1979.
JENCKS, Charles, *Late Modern Architecture*, Academy Editions, 1980.
JENCKS, Charles & CHAITKIN, William, *Current Architecture*, Academy Editions, 1982.

JENSEN, Robert & CONWAY, Patricia, *Ornamentalism*, Clarkson N. Potter, 1982.

JOHNSON, Philip, *Mies van der Rohe*, The Museum of Modern Art, 1978.

LAMPUGNANI, Vittorio Magnago, *Architecture and City Planning in the Twentieth Century*, Van Nostrand Reinhold Co., 1985.

LAMPUGNANI, Vittorio Magnago, *L'architecture du XXe siècle en dessin : utopie & realité*, Philippe Sers Ed., 1982.

LE CORBUSIER, *Almanach d'Architecture Moderne*, Les Éditions Crès et Cie, 1925.

LE CORBUSIER, *Polychromie architecturale: Étude faite par un architecte(mêlé, d'ailleurs, à l'aventure de la peinture contemporaine) pour les architectes*, FLC B1(18), 1931.

LE CORBUSIER, "Défence de l'architecture", *L'Architecture d'aujourd'hui*, n° monographique sur Le Corbusier et Pierre Jeanneret, 1933.

LE CORBUSIER, *Etude sur le Mouvement d'Art décoratif en Allemagne*, DA CAPO Press, 1968.

LE CORBUSIER, *OEuvre complète 8 volumes*, Les Editions d'Architecture, 1964-1970.

LE CORBUSIER, *Le Voyage d'Orient*, Parenthèses, 1987.

LE CORBUSIER, *Entretien avec les étudiants des écoles d'architecture*, Les Éditions de Minuit, 1993.

LEE, Kwan Seok, *Ornement et Architecture Moderne*, Mémoire du Diplôme d'Études Approfondies, Université de Paris 1 Panthéon-Sorbonne, 1992.

LEONARD, Jean-Claude, *Ornement, un essai de lecture*, UP8, 1978.

LISTA, Giovanni, LEMOINE, Serge & NAKOV, Andrei, *Les Avant Gardes*, Fernand Hazan, 1991.

LOOS, Adolf, *Paroles dans le vide: Malgré tout (1900-1930)*, Champ Libre, 1979.

LUBBOCK, Jules, "Adolf Loos and the English Dandy", *Architectural Review*, n° 1038, 1983.

LUCIE-SMITH, Edward, *A history of industriel design*, Plaidon Press Limited, 1983.

MARGOLIUS, Ivan, *Cubisme in Architecture and the Applied Arts*, David & Charles, 1979.

MIES VAN DER ROHE, Ludwig, "Mies Speaks: I Do Not Design Buildings. I Develop Buildings", *Architectural Review*, 145(December), 1968.

MONNIER, Gérard, *L'architecture en France: une histoire critique 1918-1950*, Philippe Sers, 1990.

MONNIER, Gérard, *LE CORBUSIER: Qui suis-je?*, La Manufacture, 1986.

NERDINGER, Winfried, *Walter Gropius*, Catalogue d'expo., Bauhaus-Archiv., 1985.

PAPADAKIS, Andreas & WATSON, Harriet, *New Classicism*, Academy Editions, 1990.

PEVSNER, Nikolaus, *An Outline of European Architecture*, 7th éd. Butler & Tanner Ltd., 1963.

PEVSNER, Nikolaus, *Les sources de l'architecture moderne et du design*, La Connaissance

s.a., 1970.
POSENER, Julius, *Entre l'art et l'industrie de Deutscher Werkbund*, Verlag Ernst & Sohn, 1963.
POSENER, Julius, *From Schinkel to the Bauhaus*, Architectural Association Paper Number 5, 1972.
PRAK, Niels Luning, *The language of architecture*, Mouton & Co., 1968.
RAGON, Michel, *Esthétique de l'Architecture Contemporaine*, Edition Griffon Neuchatel, 1968.
RAGON, Michel, *Histoire de l'Architecture et de l'Urbanisme Modernes*, tome 2, Casterman, 1986.
RAGON, Michel(sous la direction de), *Le temps de Le Corbusier*, Hermé, 1987.
RICHARD, Lionel, *Encyclopédie du Bauhaus*, Somogy, 1985.
ROWE, Colin, *The Mathematics of the Ideal Villa and Other Essays*, The MIT Press, 1960.
ROWLAND, K., *The developement of shape*, Ginn., 1964.
RUSSELL, Frank(sous la direction de), *l'Architecture de l'Art Nouveau*, Berger-Levrault, 1982.
SCHULZE, Franz, *Mies van der Rohe, A Critical Biography*, The University of Chicago Press, 1985.
SCULLY, Vincent, *Modern Architecture*, George Braziller, 1977.
SEMBACH, Klaus Jürgen, *l'Art Nouveau*, Taschen, 1991.
SHARP Dennis(édité par), *The Rationalists: theory and design in the modern movements*, The Architectural Press Ltd., 1978.
STANGOS, Nikos, *Concepts of Modern Art*, Thames & Hudson, 1981.
SUMMERSON, John, *The Classical Language of Architecture*, Thames and Hudson, 1980.
TAFURI, Manfredo & DAL CO, Francesco. *Modern Architecture*, Fiber and Fiber, Electa, 1976.
TURNER, Paul V., *La formation de Le Corbusier: Idéalisme & Mouvement Moderne*, MACULA, 1987.
VALLIER, Dora, *L'Art abstrait*, Libraire Générale Française, 1980.
VAN DE VELDE, Henry, *Kunstgewerbliche Laienpredigten*, Hermann Seemann Nachfolger, 1902.
VAN ZANTEN, David, "The Function of Ornament : The Architecture of Louis H. Sullivan", *Architectural Design*, 55 5/6-1985.
VEBLEN, Thorstein, *The Theory of the Leisure Class*, Books with Buzz, 2021.
VENTURI, Robert, *Complexity and Contradiction in Architecture*, The Museum of Modern Art, 1966.
VENTURI, Robert, *De l'Ambiguité en Architecture*, Dunod, 1971.
WAGNER, Otto, *Architecture Moderne et autres écrits*, Madaga, 1980.

WARNCKE, Carsten-Peter, *De Stijl 1917-1931*, Taschen, 1991.
WHITFORD, Frank, *Bauhaus*, Thames and Hudson, 1984.
WISEMAN, Carter, "The Real Importance of Adolf Loos", *Architectural Record*, Sept. 1982.
WOLFE, Tom, *From Bauhaus To Our House*, Mc Graw-Hill Ryerson Ltd., Toronto, 1981.
WRIGHT, Frank Lloyd, *Modern Architecture*, Princeton, 1931.

Catalogue of the second exibition, Arts and Crafts Exhibition Society, London, 1889.
Catalogue publié aux États-Unis en 1986 par The Art Institute of Chicago et Rizzoli International Publications Inc., *Mies van der Rohe, sa carrière, son héritage, et ses disciples*, Centre Georges Pomoidou, 1986.

http://architecture-history.org/architects/architects/MEYER/biography.html
https://de.wikipedia.org/wiki/Neue_Sachlichkeit_(Kunst)
https://en.wikipedia.org/wiki/Alfred_Caldwell
https://en.wikipedia.org/wiki/Baroque
https://en.wikipedia.org/wiki/Vkhutemas
https://franklloydwright.org/the-art-craft-of-the-machine
https://shabdachitra.com/wp-content/uploads/2016/04/GropiusBau.pdf
http://www.flatglass.or.kr/glass-story/glass-history

사진 출처

이관석 8, 31, 66(위), 71(위), 75, 79, 96(아래), 101, 115, 134(위), 134(아래), 135, 137(아래), 147, 149(위), 154(위), 155, 156(위, 아래), 177(위), 189, 194(아래), 195, 196(위), 198, 215, 221, 229, 232, 233, 234, 235, 241, 251, 249, 253, 254(위, 아래), 255, 256(가운데, 아래), 259(가운데), 260(위), 262(위, 가운데, 아래), 265(위, 가운데, 아래), 266; 이다은 34, 36(위), 37, 38, 145(위), 203, 256(위), 257(위), 263, 264; 이다혜 29, 102, 113, 144, 145(아래), 149(아래), 186(아래), 257(아래); 윤재석 223(아래), 224(위, 아래), 225(위); 천장환 210(위), 217, 223(위), 225(아래), 226, 227, 228(가운데)

commons.wikimedia.org/wiki/Category:Images 위키피디아

A. J. van der Wal 192(위); Anthony Rauchen 72; Architas 35(위); A.Savin 214; Benh LIEU SONG 28; Bodo Kubrak 97(아래); Brigade Piron 68(아래); Canaan 216(위); Carl Rogge 98(위); Carol M. Highsmith 216(아래); Cezar Suceveanu 24; Charles Latham 137(위); ChristianSchd 69; Christos Vittoratos 148; C messier 78, 188; Daderot 128(위); DaniKauf 30; Doris Antony 127; duncid 261(위에서 두 번째); Eusebius 136; Floriel 236; GodeNehler 183(위); Guilhem Vellut 71(가운데); Hannes Meyer 159(위, 아래), 160; Henk Bekker 270; Henry Townsend 67; Jchancerel 132; Jean-Pierre Dalbéra 73(위), 120, 208(위); Jörg Bittner Unna 75(위); Kansallisarkisto 94; Ken OHYAMA 213; KoS 36(아래); Lessismore2020 219; Lian Chang 261; Ludvig14 131, 250; Lumu 97(위); M_H.DE 158(아래); Mariordo 32; Mark Morgan 51; Mike Peel 33; Mitchell Rocheleau 174(위); Monticiano 25(아래); Moonik 73(아래); Nic Scholz 95; Paul Keller 258; Paul van Galen 190(아래); Peter H. Feist 204; Photo Claude TRUONG-NGOC 193; Rainer Zenz 194(위); Rawpixel 52(위); Reading Tom 8; Rebexho 66(가운데); Roberto Fiadone 259(아래); Rudolphous 192(아래); Sanyambahga 261(위에서 세 번째) sailko 23, 71(아래), 199; Shanmugamp7 260; Shanti3004 187(아래); Sonse 25(위); Steve Dwayne 239; Tango7174 35(아래); Thomas Ledl 74(위); Ton Schollen 186(위);

Tony Hisgett 54, 55; Tram Bruxelles 74(아래); Veit Mueller and Martin Losberger 133; Victor Grigas 81; W. Bulach 119; Wikiarquitectura 209; Wilhelmine Wulff 129; w_lemay 82, 185; Wouter J. Arendshorst 117; Yair Haklai 65; Zinneke 68(위)

https://www.flickr.com/photos/
nhofer/3548110228 83; andrewpaulcarr/4900761470 267; 129231073@N06/27857718112 269

https://1.bp.blogspot.com/
_F7tPdBRwa4M/S8o7_3A54NI/AAAAAAAAAFM/Fg6x9jxcq80/s1600/santelia2.jpg 118; -Mq3XcbN4g0s/... 154(아래)

www.bing.com/images
hiddenarchitecture.net/alpine-architecture/139

https://c2.staticflickr.com
4/3575/3836057663_C301C3D58a_b.jpg 175(아래)

https://live.staticflickr.com/
1208/1119933256_fead5f650b_b.jpg 228(아래)

장식과 근대 건축

초판 1쇄 인쇄 2025년 12월 17일
초판 1쇄 발행 2025년 12월 24일

지은이 이관석
펴낸이 김진상
책임편집 최윤영
디자인 최성경

펴낸곳 경희대학교 출판문화원
주소 서울시 동대문구 경희대로 26
전화 02-961-0106~8
팩스 02-961-0291
설립 1960년 9월 16일 제5-8호
등록 1977년 11월 8일 제6-5호
홈페이지 www.khupress.com
전자우편 press@khu.ac.kr

ISBN 978-89-8222-817-9 (03600)

—